农村环境保护工职业技能培训系列

农村环境保护工

NONGCUN HUANJING BAOHUGONG

（初级工）

农业农村部农业生态与资源保护总站　组编

张贵龙　成卫民　万小春　刘代丽　主编

中国农业出版社

北　京

图书在版编目（CIP）数据

农村环境保护工：初级工 / 农业农村部农业生态与
资源保护总站组编；张贵龙等主编 . —北京：中国农
业出版社，2019.5
农村环境保护工职业技能培训系列
ISBN 978 - 7 - 109 - 25299 - 8

Ⅰ.①农… Ⅱ.①农… ②张… Ⅲ.①农业环境保护
-技术培训-教材 Ⅳ.①X322

中国版本图书馆 CIP 数据核字（2019）第 042212 号

中国农业出版社出版
（北京市朝阳区麦子店街 18 号楼）
（邮政编码 100125）
责任编辑 杨晓改

北京万友印刷有限公司印刷 新华书店北京发行所发行
2019 年 5 月第 1 版 2019 年 5 月北京第 1 次印刷

开本：787mm×1092mm 1/16 印张：9.25
字数：240 千字
定价：58.00 元
（凡本版图书出现印刷、装订错误，请向出版社发行部调换）

丛书编委会名单

主　　任：李少华

副 主 任：闫　成　刘代丽　李　想

委　　员（按姓氏笔画排序）：

万小春　王　海　尹建锋

兰希平　成卫民　邹国元

宋世枝　张贵龙　皇甫超河

本书编写人员名单

主　　编：张贵龙　成卫民　万小春

刘代丽

副 主 编：王　海　尹建锋

主审专家：王　飞

编写人员（按姓氏笔画排序）：

万小春　王　海　尹建锋

成卫民　任昌山　刘东生

刘代丽　宋成军　张贵龙

前　言 FOREWORD

《中华人民共和国国家职业分类大典》（2015 版）和《农村环境保护工》（NY/T 3125—2017）中界定的农村环境保护工是指从事农产品产地污染监测、污染区农产品安全生产、农业资源监测、农村废弃物资源收集处理，并进行设施设备管护工作的人员。《农村环境保护工》（NY/T 3125—2017）中将该职业分为初级、中级、高级、技师、高级技师 5 级。本书为初级工职业技能培训教材。

《农村环境保护工（初级工）》以《中华人民共和国国家职业分类大典》（2015 版）和《农村环境保护工》（NY/T 3125—2017）为依据，结合农村环境保护工从事的工作需求进行编写。本书为首部关于农村环境保护工理论知识和操作技能的培训教材，主要内容为从事农村环境保护工初级工相关工作时需要了解和掌握的相关标准、规范和要求。

本书在编写过程中秉持"以职业标准为依据，以实际需求为导向，以职业能力为核心"的理念，力求突出职业技能培训特色，反映职业技能鉴定考核的基本要求，满足培训对象参加技能鉴定考试的需要。

本书共分为两部分 7 章。第一部分为基本要求，分为 2 章：第一章为职业道德，主要讲述了职业道德的概念、要求、评价、修养和职业守则；第二章为基础知识，主要介绍了安全作业知识和相关法律法规知识。第二部分为工作要求，分为 5 章：第三章为农产品产地环境监测，重点介绍了农业环境监测定义、土壤、水体和空气质量监测方法及农业面源污染防治的基础知识；第四章为农产品安全生产，介绍了安全生产核查注意事项及生产记录的主要内容；第五章为农业野生植物资源保护，就野生植物调查与保护方法进行了规范性论述；第六章为外来入侵植物防控，主要讲述入侵植物的监测技术与防控的要求；第七章为农村废弃物处理与利用，分类阐述了农田废弃物、生活污水和生活垃圾的处理与利用技术。

前　言

　　本书在编写过程中得到了中国就业培训技术指导中心、农业农村部人力资源开发中心、农业农村部职业技能鉴定指导中心等单位的大力支持，同时得到了北京市农林科学院植物营养与资源研究所邹国元研究员、中国农业科技管理研究会王青立研究员、中国农业科学院方放研究员等专家的指导，在此一并表示感谢！

　　由于学科发展较快、涉及面广，疏漏和不当之处在所难免，敬请读者批评和指正。

编　者

2018 年 8 月

目 录 CONTENTS

第一部分　基本要求

第一章 职业道德

农业农村环境保护是我国环境保护的重要组成部分，它直接关系到农业生产、农村居民正常生活和身心健康，是一项艰辛而伟大的事业。在我国现代农业发展方式转型升级过程中，切实保护好土壤、水体和大气等环境，需要农业环保人员不懈的努力和艰辛的劳动。不同于一般的环境保护爱好者，农业环保人员从事专职的农业农村环境保护工作，应具有良好的职业道德，热爱环保工作，在本职岗位上发光发热，真正成为农业环境卫士。因此，应对农业环保人员进行必要的职业道德教育，使他们牢记职业使命，爱岗敬业，全身心地投入到农业农村环境保护事业中。

第一节 职业道德概念

一、职业道德概述

农村环境保护从业人员的职业道德基本范畴也包含公民基本的道德范畴，是社会主义道德的组成部分，是个人之间与农村社会之间、与自然之间各种关系的总和，同样受社会舆论、传统习惯、所受教育和信念来维持，渗透于农业生产、农村生活的各方面，又在各方面显现出来，如思维、言论、行为等，最终成为行为的准则和评判标准。农村环境保护工（简称农村环保工）职业特性对道德的要求，包括道德准则、道德情操和道德品质，其为从事这一行业的行为准则和要求，也是对社会承担的责任和义务。

1. 特点 在公民基本道德的基础上突出了行业性、实用性、规范性、从属性和社会性。建立在公有制为主的经济基础之上，贯穿着为人民服务的思想。

2. 作用 通过对从业人员思想、认识和行为等规定要求，规范、提高从业人员间的职业素质，并用自己的行为服务于农村社会，以促进和完善全社会道德准则。

3. 客观要求 农村环保工职业道德是从业人员、集体和社会利益基本一致的保障，并以此来调整、平衡农业行业、环境保护职业间的关系。

二、职业道德的原则

农村环保工职业道德就是要求从业人员在进行职业活动中调整职业关系、个人利益与社会利益关系时所必须遵循的根本的职业道德规范，也是衡量农村环保工行为和职业道德品质的最高标准。主要通过从业人员的职业活动、职业关系、职业态度、职业作风以及它们的社会效果表现出来。为人民服务原则是农村环保工职业道德的核心和灵魂，包括：一切从人民利益出发，把保护和美化农村环境作为职业目标，一切向农业农村环境负责，热爱环境保护事业，关心农业农村环境，同一切危害人民利益和破坏环境的言行作坚决斗争。如何践行农村环保工职业道德原则？一是要树立勇于奉献，为人民服务的人生观；二是从我做起，从现在做起，从小事做起；三是自觉、主动、创造性地践行为农业农村环境服务。用马克思主义世界观武装头脑，树立崇高的职业理想和坚定信念，明确职业目标和前进方向，自觉为农业农村环境保护事业而奋斗，养成勤劳节俭的品格、吃苦耐劳的作风和艰苦创业的精神。农村环保工同样受集体主义约束：一是坚持和追求个人正当利益与集体主义的有机统一；二是重视个人正当利益，激发人的活力与创造性来体现集体主义；三是个人利益与集体利益发生矛盾时，个人利益要服从集体利益。

三、职业道德的形成与发展

农村环保工职业道德是对环境保护从业人员、广大劳动人民优秀道德品质的继承和发扬，继承和吸收了国内外相关职业道德的精华，将与各种破坏环境的腐朽、落后的思想作斗争，在斗争中发展完善。

农村环保工职业道德源于社会职业道德，同样具有社会道德的历史烙印。原始社会仅仅出现了职业道德的萌芽。由于当时没有文字记载，职业道德只是在职业生活中一代一代地积累和形成起来，并通过宗教仪式、氏族禁忌、模仿老人的行为、动作、语言等形式表现出来和流传下来。奴隶社会的职业道德主要是对奴隶主和自由民的职业道德而言的。而奴隶的职业道德主要表现在生产劳动中对奴隶主的愤慨、反抗和争取人身自由。在封建社会，职业道德得到了进一步的发展。随着封建社会生产力的发展，职业分工越来越细，社会上各行各业在"三纲五常"的根本要求下，产生了具有行业特点的"律""规""戒"等。在封建社会里，农民具有两重性，其职业道德也具有两重性的特点。一方面，他们是劳动者，在封建地主阶级的压迫和剥削下，形成了反抗剥削、要求平等、勤劳节俭、朴实善良的优良品德；另一方面，他们又是私有者，由于小农经济地位和生产条件的限制，他们的道德又表现出自私狭隘、保守散漫、绝对平均主义等特点。资本主义社会的职业道德虽然在人类社会职业道德的丰富和发展中起着一定的作用，有些职业道德准则可以为我们所借鉴，但是它毕竟是受生产资料私有制的资产阶级道德的利己主义所制约，因此必然表现出很大的阶级局限性和虚伪性。社会主义职业道德是在以生产资料公有制为主体的经济基础上形成和发展起来的，是在同形形色色的腐朽思想和道德观念斗争中形成和发展起来的。

第二节 职业道德要求

一、爱岗敬业

爱岗敬业是职业道德的基本精神，是社会主义职业道德一个最基本、最普遍、最重要的要求，也是农村环保工职业道德基本要求。爱岗是敬业的感情铺垫，敬业是爱岗的逻辑推演。爱岗敬业是一种美德。爱岗敬业是中华民族的传统美德。农村环保工爱岗敬业的具体要求是：树立职业理想、强化职业责任、全心全意为人民服务。农村环保工爱岗敬业的精神，实际上就是为人民服务的具体体现。要做到全心全意为人民服务，首先，要忠于职守；其次，要做到干一行、精一行；最后，要克服职业偏见，确立积极向上的人生态度。

职业理想是从业者对农村环境保护工作未来的向往和对本行业发展将达到什么水平、程度的憧憬。职业理想分三个层次：一是初级层次，此阶段从业者的工作目的是谋生，认为工作只是为了必要的生计；二是中级层次，此阶段工作目的是发挥自己的专长及职业技能；三是高级层次，此阶段工作目的是承担社会义务和责任，把自己的职业同社会、为他人服务联系起来，同人类的前途和命运联系起来。

职业理想形成的条件：人的年龄增长、环境的影响和受教育程度是人的职业理想形成的内在因素，社会发展的需要是职业理想形成的客观依据。一方面，凡是符合社会发展需要的职业理想都具有可能性，都是社会所承认和肯定的职业理想；另一方面，个人自身所具备的条件是职业理想形成的重要基础，条件的不同决定着职业理想的不同，条件的变化决定着职业理想的变化。

职业责任是指人们在一定职业活动中所承担的特定的职责，它包括人们应该做的工作以及应该承担的义务。职业责任是由社会分工决定的，是职业活动的中心，也是构成特定职业的基础，它往往通过行政的甚至法律的方式加以确定和维护。从事农业农村环境保护的当事人是否履行自己的职业责任，是这个当事人是否称职、是否胜任工作的衡量尺度。农村环保工职业责任的特点：一是具有明确的规定性；二是与物质利益存在直接关系；三是具有法律及其纪律的强制性。强化职业责任的措施：一是依据一定的职业道德原则和规范，有目的、有组织地从外部对从业人员施加影响（如培训、完善制度等）；二是强化从业人员有意识地进行职业责任方面的自我锻炼、自我改造和自我提高。职业责任修养与职业责任教育都是树立和强化从业人员职业责任意识的方法及途径。

职业责任修养是指通过用一定的职业道德原则和规范对自己的职业责任意识进行反省、对照、检查和实际锻炼，提高自己的职业责任感。农村环保工职业责任修养活动包括：一是学习与自己工作有关的各项岗位责任规章制度，理解它们存在的合理性和正确性，并领会它们的精神实质，在内心形成一定的责任目标；二是在职业实践中不断比照特定的责任规定，对自己的思想和行为进行反省及检查，进行自我剖析和自我批评，不断矫正自己的职业行为偏差，排除一切干扰，将正确的尽职尽责的行为不懈地坚持下去，使之变成一种职业道德行为习惯，最终转化为内在的、稳定的、长期起作用的职业道德品质。

二、诚实守信

诚实守信是市场经济活动中最基本的规则之一，也是农村环保工在工作中与个人、集体和农村社会关系和谐的根本要求。诚实守信是为人之本，也是从业之道。言语描述是否诚实，行为态度是否守信用，是农村环保工品德修养状况和人格高下的表现，也是能否赢得别人尊重和友善的重要前提条件之一。农村环保工诚实守信的具体要求：忠诚所属单位；维护单位信誉；保守组织秘密；完成本职工作。忠诚所属单位应该做到：诚实劳动；关心组织发展；遵守合同和契约；坚守自己的承诺。

三、办事公道

办事公道要求正确处理各种关系，是指坚持原则，按照一定的社会标准（法律、道德、政策等）实事求是地待人处事，是高尚道德情操在职业活动中的重要体现。办事公道是组织能够正常运行的基本保证，是抵制行业不正之风的重要内容，是职业劳动者应该具备的品质。办事公道的具体要求：坚持真理；公私分明；公平公正；光明磊落。在职业实践中做到公私分明的要点：正确认识公与私的关系，增强整体意识，培养集体精神；有奉献精神；从细致处严格要求自己；在劳动创造中满足和发展个人的需求。公平公正是人们在职业活动中应当普遍遵守的道德要求。农村环保工做到公平公正的要点：坚持按照原则办事；不徇私情；不怕各种权势，不计个人得失。在工作中始终把社会利益和集体利益放在首位，说老实话、办老实事、做老实人，坚持原则无私无畏，敢于负责，敢担风险。

四、服务群众

职业劳动者主要服务对象是人民群众，服务群众要求每个职业劳动者心里应当时时刻刻为群众着想，急群众之所急，忧群众之所忧，乐群众之所乐，全心全意为人民服务。其根本是尊重群众和方便群众，为群众谋福利。服务群众要求做到：树立全心全意为人民服务的思想；文明服务，一切为群众着想；勇于向人民负责。农村环保工服务群众的基本要求：自觉履行职业责任；严格遵守职业规则；保持与其他岗位间的有序合作。

五、奉献社会

奉献社会是社会主义职业道德的特有规范，是社会主义职业道德的最高要求，是为人民服务和集体主义的最好体现，是社会主义职业道德的最终归宿。它要求从事各种职业的个人，努力多为社会作贡献，为社会整体长远的利益不惜牺牲个人利益。奉献社会职业道德的突出特征：一是自觉自愿地为他人、为社会贡献力量，完全为了增进公众福利而积极劳动；二是有为社会服务的责任感，充分发挥主动性、创造性、竭尽全力；三是不计报酬，完全出于自觉精神和奉献意识。奉献社会要求做到：明白人生的幸福在于奉献的道理；大力提倡奉献社会的精神；奉献社会要在实际行动中体现。

第三节 职业道德评价

职业道德评价是职业道德理论体系的重要组成部分，是职业道德实践活动的重要一环。社会主义职业道德的教育和调节作用，主要是通过职业道德评价来实现的。道德评价就是根据一定社会或阶级的道德原则和规范，对他人或自己的行为进行善恶判断，表明褒贬的态度。农村环保工的职业道德评价是人们根据职业道德的原则和规范，对从业者的职业道德行为所做的善恶判断，表明褒贬的态度。其主要作用：一是维护作用和规范作用；二是教育作用；三是调节作用。职业道德是从业人员行为规范的总和。职业道德的调节作用主要是通过职业道德评价来实现的。

农村环保工职业道德评价的标准具体指为人民服务、集体主义、主人翁的劳动态度等原则以及一系列道德规范。农村环保工职业道德基本原则和规范体现了人民群众的根本利益与愿望，是处理个人利益和社会利益的根本准则，具体而有效指导和规范着从业者的职业道德实践活动，它是评价集体和个人职业行为善恶的正确标准。职业道德行为善恶标准，从以下几个方面测评：一是规范内容的具体测评；二是经济效益测评；三是社会效益测评；四是业务技能测评；五是服务对象的测评。业务技术的测评仅仅能间接地推断职业道德行为价值的大小，作为测评的参照数，而不是直接的善恶标准。为减少测评的片面性和误差，应有三方面人员参加：一是主管领导人和所在单位领导参加测评；二是同行、同事和所在单位群众参加测评；三是职工自我测评。职业道德评价的依据是职业行为动机与效果的辩证统一。动机是指一个人在道德行为前的愿望或意图。效果是指一个人的道德行为给社会或他人带来的实际后果。动机和效果的关系主要有：一是好的动机产生好的效果；二是坏的动机产生坏的效果；三是好的动机产生坏的效果，就是人们所说的"事与愿违"；四是坏的动机产生好的效果，就是人们说的"歪打正着"。怎样才能使好的动机产生好的效果：一是树立正确的人生观；二是学会唯物辩证的工作方法，在工作或劳动实践中，逐步认识和掌握事物的发展规律，只有这样才能使自己的好动机达到好的效果；三是精通本职业务，深入实际，在实践中不断取得经验。

职业道德评价的主要方式和手段：社会舆论、传统习惯、内心信念。职业道德在职业活动中的调节和教育作用，就是通过职业道德评价的方式和手段来实现的。社会舆论是指在一定社会生活范围内，或在相当数量的人群之中，对某种事件、现象、行为等，正式传播或自发流行的情绪、态度和看法。在职业道德评价中，社会舆论有外在强制的功能。道德舆论是职业道德评价的重要方式和手段之一。正确发挥社会舆论在职业道德评价中的作用要求：一要区分是正确的还是错误的社会舆论；二要自觉抵制错误的社会舆论，形成良好的舆论风气；三要自觉恪守社会主义职业道德原则和规范，做坚持社会主义职业道德舆论的宣传者、实践者。传统习惯是指人们在长期职业生活中逐步形成和积累起来的，被人们普遍承认、具有稳定性的习俗和行为常规。职业道德传统习惯对成文的职业道德规范起补充和制约作用，它是评价职业行为总体善恶的重要根据。内心信念是指人们对某种观点、原则和理想等形成的真挚信仰，职业道德中的内心信念就是职业良心。职业良心是指从业人员履行对他人和社会的职业义务的道德责任感及自我评价能力，是个人道德认识、道德情感、道德意志、道德信念、道德行为的统一。职业良心在行为进行中起着监督作用；在行为后起着对行为后果和影响的评价作用。职业道德内心信念（职业良心）是职业道德评价的重要方式之一，也是推动人们对自己职业行为进行评价的内在动力和直接的善恶标准，对提高职业道德水平，形成行业新风，具有重大推动作用。

第四节　职业道德修养

职业道德修养是劳动者重要的道德实践活动。加强职业道德修养，对劳动者履行职责、形成良好的职业品质、净化心灵、完善职业人格具有重要的意义。道德修养是指个人在道德意识和道德品质方面根据一定的道德原则和规范，进行自我锻炼、自我改造和自我提高，形成相应的道德情操，达到一定的道德境界的实践活动。农村环保工职业道德修养是指从事农业农村环境保护活动的人员，按照职业道德基本原则和规范，在职业活动中所进行的自我教育、自我锻炼、自我改造和自我完善，使自己形成良好的职业道德品质和达到一定的职业境界。职业道德修养是一个从业人员形成良好的职业道德品质的基础和内在因素。职业道德修养是从业人员根据职业道德规范自觉调整自己职业行为的过程，同时也是自觉同自己进行思想斗争的过程。要形成良好的道德品质：一要有对职业道德的正确认识，即明确遵守职业道德规范是一个人从事职业活动的必要条件；二要根据职业道德规范进行自我教育、自我改造、自我锻炼和自我完善。职业道德修养的目的是在职业活动实践中不断改造自己、提高自己、更新自己、完善自己，形成良好的职业道德品质，达到崇高的道德境界。

职业道德修养的意义：一是提高劳动者的职业道德品质，达到崇高道德境界的需要；二是提高劳动者素质，培育合格人才的需要。职业道德境界是指人们在职业生活中，从一定的职业道德观念出发，通过道德修养所形成的一定的觉悟水平和精神境界。它是从业人员职业道德修养水平的反映，代表着从业人员的职业道德水平。

职业道德境界的类型大体可分为献身型、尽职型、雇用型三种。献身型是高层次的职业道德境界，是把个人的一切融于社会主义现代化建设之中，以献身的精神做好本职工作，为祖国的繁荣富强和人民生活的幸福奉献出自己的一切。尽职型是中层次的职业道德境界，是把社会和集体的利益放在首位，把个人的利益放在从属的地位，必要时牺牲个人利益维护他人和社会利益。雇用型是低层次的职业道德境界，其职业行为的出发点和最终目的是满足个人的私利。达到崇高的道德境界的关键是劳动者要加强职业道德修养。

职业道德是一种社会意识形态，体现一种外部的道德要求。自觉地加强品德修养，是提高劳动者职业道德品质的关键环节。职业道德素质是指人们在长期职业实践中形成的职业道德意识素质和职业道德行为素质的总和。职业道德意识包括职业道德认识、职业道德情感、职业道德意志、职业道德信念等。

职业道德修养包括职业道德认识的提高、职业道德情感的培养、职业道德意志的锻炼、职业道德信念的树立和职业道德行为习惯的养成。职业道德认识是指人们在职业生活中对职业道德原则和规范的理解，是产生职业道德情感、职业道德意志、职业道德信念，支配职业道德行为的基础和起点。

职业道德情感是指人们在职业活动中对事物进行善恶判断所引起的内心体验。它包括职业道德荣誉感、幸福感、责任感和良心感等，如爱、恨、荣、辱、美、丑等不同感受。职业道德情感是伴随着人们的职业道德认识而产生和发展起来的，是人们的认识转化为行为的中心环节，是人们选择道德行为的直接动因。

职业道德意志是指人们履行职业道德义务，克服困难，排除障碍，将职业道德行为坚持到底的一种精神力量。职业道德意志是职业道德认识阶段转化为职业道德信念和职业道德行为习惯阶段的桥梁及杠杆，在职业道德品质形成的过程中起着重要的作用。职业道德信念是指人们对职业道德义务所具有的坚定的信心和强烈的责任感。它是深刻的职业道德认识、炽热的职业道德情感、坚定的职业道德原则的有机统一，是职业道德品质的核心。

职业道德信念具有很强的稳定性和持久性，它是职业道德意识转化为职业道德行为的强大的内在推动力。树立正确的职业道德信念是从业人员职业道德修养的核心内容。职业道德行为习惯的修养就是按照职业道德原则和规范进行行为选择和评价，逐步养成符合道德要求的行为习惯，做到自知、自爱、自律，塑造美好的职业形象，养成良好的职业道德行为习惯，是职业道德修养的结果和归宿。

提高职业道德修养的方法：一是学习理论和参加实践相结合；二是向革命前辈和先进人物学习；三是自觉地进行自省和慎独。学习科学文化和专业技术知识是理解道德原则及规范的基本条件。参加实践，是职业道德修养的根本途径和方法，是道德品质的来源，也是职业道德修养的目的和归宿。

职业道德实践活动是检验劳动者道德修养效果的客观标准。自省、慎独是道德修养的重要方法。自省就是自我反省、自我检查、自我批评，除去私心杂念，树立正确的道德观念。慎独是指在个人独立工作、无人监督的时候，仍然能谨慎地遵守道德原则，而不做坏事。道德修养的实质和特点就是通过积极地自我认识、自我解剖、自我改造、自我斗争，不断提高自己的道德选择能力，不断抵制和清除自己身上一切非社会主义道德的残余和影响。

树立科学的人生观，提高广大劳动者社会主义职业道德素质和品质，最根本的问题是解决人生观的问题。人生观是世界观的一部分，是人们用世界观观察和对待人生问题，是人们对人生目的和价值的根本看法与态度。人生观是一定的历史条件和社会关系的产物，是一定的生产力和生产关系的反映。在阶级社会里，是一定阶级所处的社会关系的反映。人们的人生观总是由他们的经济地位和阶级地位决定的。一个人职业道德品质的好坏，修养水平的高低，根本上取决于以什么样的人生观为基础。一个真正树立了正确人生观的人，才有可能成为职业道德高尚的劳动者。人生观指导并支配着人们职业道德品质的形成和发展，规定着职业道德行为的基本倾向和职业道德评价的根本态度，制约着职业道德教育的根本任务和职业道德修养的最终目标。

第五节 职业守则

农村环保工职业道德是农村经济发展的反映，是农村社会经济发展的产物。农村环保工职业道德范畴和职业道德规范都是职业道德的重要组成部分。前者是反映职业道德现象的一些基本观念，后者是关于职业行为的规范。职业道德范畴主要包括以下八个方面：职业理想、职业态度、职业义务、职业技能、职业纪律、职业良心、职业荣誉和职业作风。职业行为规范是爱岗敬业、诚实守信、办事公道、服务群众、奉献社会。追求岗位的社会价值，是全部职业道德观念的核心。农村环保工在职业生涯中要做到以下五个方面：一是热爱本职，忠于职守；二是钻研业务，提高技能；三是遵章守纪，勤劳节俭；四是文明礼貌，热情服务；五是务实高效，团结协助。

思考题

1. 农村环保工的职业道德包括哪几方面？
2. 简述职业道德的特点与作用。
3. 简述职业道德的原则。
4. 农村环保工职业道德的要求有哪些？
5. 简述农村环保工的职业责任。
6. 农村环保工在职业中服务群众要做到几点？
7. 简述农村环保工职业道德标准。
8. 农村环保工职业道德评价的方式和手段主要有哪些？
9. 简述职业道德修养的意义。
10. 什么是职业道德情感？
11. 简述提高职业道德修养的方法。
12. 如何正确理解农村环保工的职业守则？
13. 现实工作中如何遵循职业守则？
14. 农村环保工的职业守则是什么？

第二章 基础知识

第一节 安全作业知识

一、防火、防盗、防爆、防泄漏常识

（一）防火

1. 电气装置、电热设备、电线、保险装置等都必须符合防火要求。在制造、使用易燃物品的建筑物内，电气设备应为防爆的。

2. 车间、实验室内存放易燃物品的量不得超过一昼夜的用量，不得放在过道上，也不得靠近热源及受日光暴晒。

3. 使用易燃液体、可燃气体时，禁止使用明火蒸馏或加热，应使用水浴或蒸汽浴。使用油浴时，不得用玻璃器皿作浴锅；操作中应经常测量油的温度，不得让油温接近闪点。

4. 各种易燃、可燃气体、液体的管道，不得有跑、冒、滴、漏的现象。检查漏气时使用肥皂水，严禁用明火试验。气体钢瓶不得放在热源附近或在日光下暴晒，使用氧气时禁止与油脂接触。

5. 强氧化剂能分解放出氧，加热、摩擦、捣碎这类物质时，不得与可燃物质接触、混合。经易燃液体浸渍过的物品，不得放在烘箱内烘烤。

6. 易燃物品的残渣（如钠、白磷、二硫化碳等）不准倒入垃圾箱内和污水池、下水道内，应放置在密闭的容器内或妥善处理。粘有油脂的抹布、棉丝、纸张，应放在有盖的金属容器内，不得乱扔乱放，防止自燃。

7. 作业或实验结束后，要将工作场所收拾干净，关闭可燃气体、液体的阀门，清查危险物品并封存好，清洗用过的容器，断绝电源，关好门窗，经详细检查确保安全时，方可离去。

8. 制造、使用易燃物品的车间、化验室，应为耐火程度较高的建筑物，一般不得少于 2 个出入口，门窗向外开。在建筑物内外适宜的地方放置灭火工具，如二氧化碳、干粉灭火器和沙箱。

9. 在生产、使用、储存氢气的设备上进行动火作业，其氢含量不得超过 0.2%；在生产、使用、储存氧气的设备上进行动火作业，其氧含量不得超过 20%。

10. 室内作业监火人应全程跟踪监护，必须采取一切措施把可燃气体浓度降到允许范

围以内，监督现场措施的落实情况，根据现场实际情况不定时测量气体浓度，发现问题及时停止施焊，并采取措施把气体浓度降到允许范围以内，再实施动火。

（二）防盗

1. 发现被盗情况立即向公安机关和单位保卫部门报案。

2. 保护好现场，不要让其他人进入被盗的场所，以防破坏现场。

3. 如实回答公安、保卫人员的提问，力求全面、准确。

4. 积极向公安、保卫人员提供情况，反映线索，协助破案。

5. 办公场所、实验室及重要设备车间安装防盗门、防盗网或防盗监控视频设备，日常工作结束后，要检查设备开关、门窗是否关闭，防止意外发生。

6. 笔记本电脑、手机、钱包等贵重物品放入抽屉内，并上锁。

7. 见到陌生人要仔细盘问来意。对于快递员、业务员、推销员等外来人员，要认真甄别身份，并在会客区域接待，不要轻易让其进入重要场所。

（三）防爆

1. 爆炸性物品　必须专库储存、专人保管、专车运输，不能与起爆药品、器材混储混运。搬运过程严格遵守有关规定，严禁摔、滚、翻、撞和摩擦。避免存放在高温场所。

2. 氧化剂　除惰性不燃气体外，不得与性质相抵触的物品混存混运。避免摩擦、日晒、雨淋、漏撒。

3. 压缩气体和液态气体　不能混储混运，即使都是瓶装的气体或物质也不能混储混运。易燃气体除惰性气体外，助燃气体除不燃气体无机毒品外，均不得与其他物品混储混运。要轻装轻卸，避免撞击、抛掷、烘烤等。

4. 自燃物品　单独储存，与酸类、氧化剂等隔离，远离火源及热源，防止撞击、翻滚、倾倒、包装损坏。如黄磷应浸没于水中，三异丁基铝应防止受潮。

5. 遇水燃烧的物品　包装严密，存放地点干燥，严防雨雪，远离散发酸雾的物品，不与其他类别的危险品混储混运。如金属钠应浸没在矿物油中保存。

6. 易燃液体　单独储运，远离火源、热源、氧化剂、氧化性酸类，防止静电危害，邻近的电气设备要整体防爆。

7. 易燃固体　包装完好，轻装轻卸，防止火花、烘烤。

8. 毒害品　包装严密完好，单储单运，远离火源、热源、氧化剂、酸类、食品，存放地点应通风良好。

9. 腐蚀物品　容器具有耐腐蚀要求，严密不漏。氧化性酸远离有机易燃品。酸类腐蚀品应与氰化物、遇水燃烧品、氧化剂隔离，不宜与碱类腐蚀剂混储混运。

10. 放射性物品　包装严密，内衬防震材料，装在屏蔽材料制成的容器内，严防放射线渗漏污染。仓库须有吸收射线的屏蔽层，按卫生部门的要求建造。

（四）防泄漏

1. 经常检查管道有无老化、破裂、损伤等现象，一经发现必须及时处理，认真做好防泄漏工作。

2. 定期检查管道设备接头、开关等部位，如发现泄漏现象，应关闭总阀，尽快找有关部门解决。

3. 不要在管道旁边放置易燃易爆的物品，禁止在管道上方施工或破坏性作业。

4. 不能随便移动管道，不要私自移位、拆装、改装或暗埋，操作前必须先了解管道铺设情况，按说明程序进行操作。

二、突发事故处理、急救、求助常识

1. 发现火情应及时拨打 119 火警报警电话。拨打 119 时，必须准确报出失火方位。如果不知道失火地点名称，应尽可能说清楚周围明显的标志，如建筑物等。

2. 尽量讲清楚起火部位、着火物资、火势大小、是否有人被困等情况，同时应派人在主要路口等待消防车。

3. 在消防车到达现场前应设法扑灭初起火灾，以免火势扩大蔓延，扑救时须注意自身安全。

4. 发现初起火灾，应及时报警并利用楼内的消防器材及时扑灭。灭火器的使用方法：手提式干粉灭火器适宜扑灭油类、可燃气体、电器设备等初起火灾。使用时，先打开保险销，一手握住喷管，对准火源，另一手拉动拉环，即可灭火。手提式泡沫灭火器适宜扑灭油类及一般物质的初起火灾。使用时，用手握住灭火机提环，平稳、快捷地提往火场，不要横扛、横拿。灭火时，一手握住提环，另一手握住筒身的底边，将灭火器倒过来，喷嘴对准火源，用力摇晃几下，即可灭火。手提式二氧化碳灭火器适宜扑灭精密仪器、电子设备以及 600 V 以下的电器初起火灾。使用时，一手握住喷筒把手，另一手撕掉铅封，将手轮按逆时针方向旋转，打开开关，二氧化碳气体即会喷出。

5. 火势蔓延时，要保持头脑清醒，千万不要惊慌失措、盲目乱跑。应用湿毛巾或湿衣服遮掩口鼻，放低身体，浅呼吸，快速、有序地向安全出口撤离。尽量避免大声呼喊，防止有毒烟雾吸入呼吸道。

6. 逃离起火房间后，应关紧房门，将火焰和浓烟控制在一定的空间内。

7. 发生火灾后利用建筑物阳台、避难层、室内布置、缓降器、救生袋、应急逃生绳等逃生，也可将被单、台布结成牢固的绳索，牢系在窗栏上，顺绳滑至安全楼层。

8. 火灾逃生无路时，应靠近窗户或阳台，关紧迎火门窗，向外呼救。

9. 火灾发生时千万不要乘电梯逃生，不要轻易跳楼，除非火灾已经危及生命，逃生时千万不要拥挤。

10. 发现有人触电，应立即拉下电源开关或拔掉电源插头。若无法及时找到电源开关或断开电源时，可用干燥的竹竿、木棒等绝缘物挑开电线，使触电者迅速脱离电源。切勿用潮湿的工具或金属物体拨电线，切勿用手触及带电者，切勿用潮湿的物体搬动触电者。

11. 将触电人员脱离电源后迅速移至通风干燥处仰卧，将其上衣和裤带放松，观察触电者有无呼吸，摸一摸颈动脉有无搏动。若触电者呼吸及心跳均停止时，应在做人工呼吸的同时实施心肺复苏抢救，并及时拨打 120 呼叫救护车送医院，途中绝对不能停止施救。

三、施工安全常识、设备安全操作常识

(一)施工

1. 施工人员必须按安全技术要求进行挖掘作业。土方开挖前必须做好降(排)水工作。

2. 挖土应从上而下逐层挖掘,严禁掏挖。

3. 坑(槽)沟必须设置人员上下坡道或爬梯,严禁在坑壁上掏坑攀登上下。开挖坑(槽)沟深度超1.5 m时,必须根据土质和深度放坡或加可靠支撑。坑(槽)沟边1 m以内不准堆土、堆料,不准停放机械。土方深度超过2 m时,周边必须设两道护身栏杆;危险处,夜间设红色警示灯。

4. 配合机械挖土、清底、平地、修坡等作业时,不得在机械回转半径以内作业。作业时要随时注意土壁变化,发现有裂纹或部分塌方,必须采取果断措施,将人员撤离,排除隐患,确保安全。

5. 采用混凝土护壁时,必须挖一节,打一节,不准漏打。发现情况异常,如地下水、黑土层和有害气体等,必须立即停止作业,撤离危险区,不准冒险作业。

(二)设备操作

1. 建立设备台账,保存其出厂时的合格证等随机文件和周期校准的合格证等资料。

2. 使用设备前要认真阅读操作说明书,现场使用的检测设备在校准或检定的有效期内,并有清晰可辨的合格标识。

3. 操作人员应按操作规程要求,准确地使用检测设备。测试设备应经质量技术监督部门进行初次校准,合格后方可使用,属强制检定的测量装置,必须经由法定计量检定机构检定。

4. 设备要在适宜的工作环境下运行,搬运、储存过程中要保证装置的准确度和完好性,所有检测设备都应轻拿轻放、正确使用。

5. 当检测设备偏离校准状态或出现其他失准情况时,应立即停止检测工作。由专业人员对该设备故障进行分析、维修,重新进行校准或验证并保存更新校准或验证的证据。

6. 操作人员熟悉有关专业的试验规范、技术标准、检测方法,严格按规范、标准进行检测操作和试验鉴定。

7. 在检测过程中,必须认真做好记录,并在记录上签字,对记录数据的准确性、完整性负责。

8. 操作人员熟悉本行业所用仪器原理、性能,严格按照操作程序操作。当仪器设备出现故障时,应及时报告相关领导,分析原因,采取措施,并在仪器履历书上做好记录。

9. 进行试验、检测的工作场所,必须保证实验室有良好的工作环境,即整洁、整齐、安静、明亮和适当的温湿度。

10. 实验室设备及常用工具应排列整齐,使用过后物归原处。试验检测人员应自觉遵守安全制度和有关规定,不得违章作业。

11. 为防止高电压、大电流突然加到被测试品的两端,每次启用前要将调压器、电流调节调至零位。

12. 接通电源开关后，注意观察电源指示灯。在进行测试时，必须可靠地连接被测试品，不能松动、短路、接触不良。

13. 设备使用完毕应将各种可调元件（调压器、电流设定、电压设定旋钮）调至零位。设备应存放在通风、干燥的地方，并对设备进行定期保养。

四、安全用电、用水、用气常识

（一）安全用电

1. 用电线路及电气设备绝缘必须良好，灯头、插座、开关等的带电部分绝对不能外露，以防触电。站在潮湿的地面上移动带电物体或用潮湿抹布擦拭带电的家用电器时，应防止触电。

2. 保险丝选用要合理，切忌用铜丝、铝丝或铁丝代替，以免发生火灾。

3. 所使用的电器如电冰柜、烘箱等，应按产品使用要求，装有接地线的插座。

4. 检修或调换灯头，即使开关断开，也切忌用手直接触及，以防触电。

5. 如遇电器发生火灾，要先切断电源来抢救，切忌直接用水扑灭，以防触电。

6. 不要超负荷用电，如用电负荷超过规定容量，应到供电部门申请增容；空调、烘箱等大容量用电设备应使用专用线路。

7. 不要私自或请无资质的装修队及人员铺设电线和接装用电设备，安装、修理电器要找有资质的单位和人员。

8. 对规定使用接地的用电器具的金属外壳要做好接地保护，不要忘记给三眼插座、插座盒安装接地线；不要随意将三眼插头改为两眼插头。

9. 选用与电线负荷相适应的熔断丝，不要任意加粗熔断丝，严禁用铜丝、铁丝、铝丝代替熔断丝。

10. 不用湿手、湿布擦带电的灯头、开关和插座等。

11. 安装合格的漏电保护器，室内要设有公用保护接地线。漏电保护开关应安装在无腐蚀性气体、无爆炸危险品的场所，要定期对漏电保护开关进行灵敏性检验。

12. 学会看安全用电标识。我国安全色标采用的标准以下几种：红色标识禁止、停止和消防，如机器上的紧急停机按钮等都是用红色来表示"禁止"的信息。黄色标识注意危险。如"当心触点""注意安全"等。绿色标识安全无事。如"在此工作""已接地"等。蓝色用标识强制执行，如"必须戴安全帽"等。黑色标识图像、文字符号和警告标识的几何图形。

13. 采用不同颜色来区别设备特征。如电气母线，A 相为黄色，B 相为绿色，C 相为红色，明敷的接地线涂为黑色。在二次系统中，交流电压回路用黄色，交流电流回路用绿色，信号和警告回路用白色。

（二）安全用水

1. 注意保持饮用水清洁卫生，发现饮用水变色、变浑、变味，应立即停止饮用，防止中毒，并拨打供水服务热线。

2. 不得私自挪动供水设施，尤其不得私自移动水表。

3. 如装修改造用水设施，应选用饮用水专用管材，改造后做打压试验。

4. 定期自检用水设施，关闭用水阀门后如出现水表自走，说明漏水。

5. 寒冷季节，应对用水设施采取必要的防冻保护措施。室内无取暖设施的，应在夜间或长期不用水时关闭走廊和室内门窗，保持室温；同时关闭户内水表阀门，打开水龙头，放净水管中积水；室外水管、阀门可用棉、麻织物或保暖材料绑扎保暖，以防冻裂损坏。

6. 当饮用水被污染时，应立即停止使用，及时向卫生监督部门或疾病预防控制中心报告情况，并告知居委会、物业部门和周围邻居停止使用。用干净容器留取 3～5 L 水作为样本，提供给卫生防疫部门。不慎饮用了被污染的水，应密切关注身体有无不适，如出现异常，应立即到医院就诊。接到政府管理部门有关水污染问题被解决的正式通知后，才能恢复使用饮用水。

7. 不要自行改装自来水管道。

(三) 安全用气

1. 燃气管道投入使用前，先用肥皂水检查室内管线接头、阀门是否漏气，确认不漏气后方可用气。

2. 使用燃气在点火前 5 min，必须打开门窗，保持通风，点火要慢慢打开炉灶开关，着火后，再按需要缓缓调节，不得猛开猛关。

3. 使用燃气过程中人不要远离，若发生脱火、回火应立即关闭管道阀门，并检查原因。使用完毕，关闭燃气炉灶开关，还要关闭管道阀门，不可将炉灶开关代替管道阀门使用，以免压力波动憋坏气表造成事故。关了炉灶开关仍有火苗，不要强行硬关，更不要吹熄火苗，应让它燃着，打开窗户通风，并迅速通知天然气公司和维修企业排除故障。

4. 无通风的房间安装燃气炉灶不要关闭门窗，以免造成室内缺氧，使人窒息。在使用燃气炉灶过程中，若遇突然停气，切记关闭燃气器具开关，同时关闭管道阀门，防止恢复供气时出现漏气发生意外。

5. 燃气胶管要经常检查，发现有裂痕、变硬、老化或鼠咬，应立即更换，胶管正常使用 1 年半换新，由专业人员更换。更换时管夹要拧紧，并用肥皂水或洗衣液泡沫检查接口是否漏气，不漏气方可使用。

6. 若发生天然气使用引起火灾，首先切断气源，迅速用二氧化碳灭火器或覆盖的方法扑灭。若同时引起电器着火应先切断电源，用干粉、二氧化碳灭火器进行扑救，切勿用泡沫灭火器及水灭火，以免发生触电事故，并立即通知消防部门和天然气公司抢救。

7. 严禁使用过期、未检或无角阀液化气钢瓶，钢瓶不能与煤（炭）火同屋使用。同时，液化气钢瓶使用满 4 年必须检测，检测合格方可使用，检测由合法的企业实施。

8. 使用液化气钢瓶先应检查钢瓶是否漏气，检查瓶体及角阀、减压器、接口采用闻、嗅、看或用肥皂水涂抹等方法，不漏气后方可使用；燃气灶燃烧出现异常，应迅速通知专业人员及时排除。要经常检查胶管，发现老化、鼠咬、破损、接口松动等立即换新，胶管使用一年半必须换新。

9. 使用液化气钢瓶时必须有人看管，防止火焰自行熄灭或泄漏造成人为事故。钢瓶与燃气灶要有一定的距离，不宜过长或穿墙，使用后要关闭钢瓶阀门。若闻到液化气味，万不可开灯或用火，应打开窗户通风，详细检查，隐患排除后方可开灯用火。

10. 要注意保护钢瓶，配备防护遮挡板，防止油烟污染腐蚀钢瓶。钢瓶不要靠近热源存放，若靠近热源会促使瓶内压力过高导致钢瓶爆炸。

11. 使用液化气的房屋应注意通风换气，通风不畅会产生大量的一氧化碳气体，导致人体中毒。

12. 钢瓶必须直立使用，严禁滚、碰、撞击、卧放、倒立、加热等。不能私自倾倒钢瓶内的残液，倾倒残液由液化气企业在充装换气时完成。

13. 发现液化气钢瓶、炉具发生漏气或起火，应迅速关闭钢瓶阀门，使用覆盖的方式扑灭火源，并通知液化气供应站及时检修。

14. 不准使用甲醇、生物醇油等作燃料取暖，也不能储存，发现后应制止并向燃气办公室举报，消除隐患。

五、其他相关安全常识

野外作业：

1. 作业前准备。开展野外工作前，应充分收集勘查工作区域的自然环境、地理、交通、治安、人文和动物、植物、微生物伤害源、流行传染病种、疫情传染源等情况。在充分调查上述信息的基础上要对可能存在安全隐患的危险源，按照危险源评价要求进行评价，确定危险等级，并制定相应的措施。

2. 因工作需要雇用外来人员时，要对雇用人员年龄结构严格把关，雇用人员年龄要控制在55周岁以下，身体健康者。雇用前要严格审查身份证等有效证件。要与雇用人员签订临时雇用合同，雇用人员要做好备案登记，外来人员要到当地派出所做好流动人口登记工作，项目组备案登记要将身份证复印件留底备案。雇用人员要以当地人或具有相关工作经验者优先。

3. 在充分调查野外作业区情况后，要有针对性地对项目组成员（包括雇用人员）进行培训，由项目负责人负责。培训内容包括：调查安全规定、规程；单位安全生产管理、安全技术、职业卫生知识以及安全文化；作业区的地理、气象、人文、动物、植被等情况，重点针对危险源评价中等级较高的因素进行介绍；相关的安全生产事故案例及事故应急救援预案；介绍各自工种可能存在的安全隐患及防范措施以及各自承担的责任；必备的野外急救知识，如伤口包扎、毒蛇咬伤急救及坠井等急救知识；安全防护用品的正确使用及维护。

4. 防护用品。项目组要为项目所有成员（包括临时雇用人员）配备统一购买的安全帽、劳保服及劳保鞋；夏季要为野外作业人员配备防暑降温用品及防蚊虫、防蛇药品，由安全员到院办公室统一领取，发放时要做好登记工作；野外作业设备（土钻、现场监测设备等）、材料、工具、仪表等要配备符合规范要求的安全防护装置（如安全带、防护罩等）；安全防护用品严禁以货币形式代替；在大于30°山坡或高度超过2m以上区域作业要系好安全带，严禁上下同时作业，在矿区宕面底部及悬岩、陡坡底部作业时作业人员要佩戴安全帽，同时清理顶部险浮石，无法清理的要注意避让。

5. 野外测量作业要避开变压器、高压线等危险源，严禁使用金属标尺。

6. 春、夏、秋季节，人员作业外出前要随身配备防暑降温、防虫及蛇药，配备的药品要定期检查，防止丢失及过期失效。

7. 禁在水塘、水库、河流等地洗澡。

第二节 相关法律法规知识

1.《中华人民共和国劳动法》全文。

2.《中华人民共和国劳动合同法》第二章、第三章、第四章、第五章。

3.《中华人民共和国农业法》第一章、第三章、第八章。

4.《中华人民共和国环境保护法》全文。

5.《中华人民共和国清洁生产促进法》全文。

6. 其他相关法律知识 《中华人民共和国刑法》分则规定的条款。《中华人民共和国民法》中第二、三、四、五、六、七章的有关条款。

思考题

1. 发现火灾时你应该先做什么？

2. 有人触电时，你为什么不能直接去扶他？

3. 发现自来水色泽、气味不正常时应该怎么办？

第二部分　工作要求

第三章 农产品产地环境监测

农产品质量安全与人类健康息息相关，农产品产地环境是农业生产的基础条件，提升农产品质量安全首先需要控制产地环境中的有毒有害物质，农产品产地环境的质量状况直接影响农产品的产量和质量。农产品产地生态环境状况良好，作物病虫害的发生率将有效降低，农药、激素、添加剂等投入品的用量将大为减少。农产品产地环境污染具有隐蔽性和滞后性，同时具有累积性和难恢复的特点。因此，一旦农产品产地环境受到污染和破坏，所导致后果的危害性极大，都将直接或间接地引起农业生产性土地资源短缺，导致农作物产量的降低和产品污染，从而危及人类健康。因此，农产品产地环境质量控制是解决农产品质量安全的源头性措施，也是根本性措施。其中，农产品产地环境监测是农产品产地环境管理和保护工作中的基础性工作。农村环境保护工初级工在进行农产品产地环境监测时应能完成采样准备、样品采集、采样信息记录和样品运输工作。本章介绍了农产品产地环境监测要求和相关知识。

第一节 农业环境监测概述

一、农业环境监测的定义

环境监测是指运用物理、化学、生物等现代科学技术方法，间断地或连续地对环境化学污染物及物理和生物污染等影响环境质量的因素进行监督、测定、分析，确定环境质量及其变化趋势。

农业环境监测广义上是指通过调查访问、直接观察和利用物理、化学、生物学等手段与技术来观察、测试农业的物理、化学和生物等的自然因素状况及变化，以获取有关农业环境质量的信息。这些信息资料包括关于农业环境的调查、观察记录与报告，各种测试数据资料，影像材料，航片、卫星图片及其他遥感资料等。这些资料都从不同方面反映农业环境质量状况，均为农业环境质量的重要资料。农业环境监测狭义上指农业环境中无机、有机污染物的采样、测定和分析，是属于众多监测手段中化学分析方法的一部分。其中，无机污染物主要是重金属污染物。

二、农业环境监测的分类

农业环境监测分类可按监测目的（监测任务）或监测介质（监测对象）进行分类。其分类如下：

（一）按照监测目的（监测任务）分类

按照监测目的（监测任务）不同分类，农业环境监测可分为常规监测、特例监测和科研监测。

1. 常规监测 对环境质量及相关农产品进行有计划的例行监测，来分析农产品产地环境质量及污染状况，评价相关控制措施的效果、衡量有关环境标准实施情况和环境保护工作的进展状况。这是农业环境监测工作中一项最大、面最广的监测工作。

2. 特例监测 一般包括应急监测、仲裁监测、考核监测和咨询服务监测等。

应急监测：针对农产品污染及农产品产地环境污染事故进行的监测行为，是在污染事故发生后及时深入事故地进行应急监测，以确定污染物的种类、扩散行为（扩散方式、速度、方向）、污染程度，以及预估危害范围，排查污染发生的原因，为合理控制污染事故及清除污染提供科学依据。这类监测通常采用便携式监测分析仪器、流动监测设备和遥感设备等。此类仪器设备一般操作简单、方法快速、定性筛查，并根据需要结合实验室进行更加精密准确的检测。

仲裁监测：主要针对污染事故引起的纠纷、环境执法过程中所产生的矛盾而进行监测，为污染事故司法仲裁提供科学公证的数据支撑。

考核监测：包括从事监测人员考核、监测方法验证、申请有关农产品标识时进行的产地环境监测、污染治理项目竣工时所进行的验收监测等。

咨询服务监测：为政府部门、科研机构、生产单位所提供的服务性监测。为国家政府部门制定环境保护法规、标准、规划提供基础数据和手段。

3. 科研监测 针对科学研究需求的特定目的而进行的监测，是通过监测了解污染机理、阐明污染物的迁移转化规律、研究环境受污染的程度及治理方法等，这类监测往往具有探索性的科学研究性质。

（二）按监测介质或监测对象分类

可分为水质监测、空气监测、土壤监测、固体废物监测、生物监测、噪声和振动监测、电磁辐射监测、放射性监测、热监测、光监测、卫生监测等。其中，农业环境质量涉及的监测常见为以下几种：

1. 水质监测 包括农村饮用水、农村地表水、地下水、农业灌溉水、再生水、畜禽养殖用水、渔业用水等的监测。

2. 空气监测 包括大气监测、农区空气监测等。

3. 土壤监测 主要为农田土壤监测，包括水田、旱田、果园等的土壤监测。

4. 固体废物监测 农业固体废弃物的监测包括秸秆、畜禽粪便、生活垃圾、地膜等的监测。

5. 农产品监测 包括粮食、蔬菜、瓜果、乳品、肉、蛋等的监测。

三、我国农业环境监测的发展

我国农业环境监测工作起源较早，可追溯到 1973 年全国第一次环境大会，国务院《关于保护和改善环境的若干规定（试行草案）》规定："工业、农林等部门要指定有关机构或设置专职人员，负责本单位、本行业的监测工作都要把保护环境、消除污染作为科学实验的一个重要内容。"

1979 年，国家批准建立农业部环境保护科研监测所，规定该所三项主要职能：全国农业环境质量监测、农业环境科技研究和农业环境信息交流，在该所下设立了农业环境监测室。

1983 年 12 月 3 日，农牧渔业部下达了《关于农牧渔业部农业环境监测中心站基建任务设计书的批复》文件（83）农（计）字第 179 号，原监测室改建为农牧渔业部农业环境监测中心站。

1981 年，国务院《关于在国民经济调整时期加强环境保护工作的决定》〔国发（81）27 号，1981 年 2 月 24 日〕规定："由环境保护部门牵头，把各有关部门的监测力量组织起来，密切配合，形成全国环境监测网络。"

1984 年，全国第二次环境大会后，农牧渔业部制定和颁发了《全国农业环境监测工作条例（试行）》〔(84) 农（环能）字第一号〕，对地方各级农业环境监测站的建设起了重要的促进和规范化作用。

1991 年，颁布了《农业环境监测报告制度》〔(1991) 农（环能）第 4 号〕，包括农业环境例行监测报告制度、农业环境污染事故报告制度和农业环境监测年报制度（简称"三项报告制度"）。截至目前，全国农业环境保护体系仍然坚持执行该《全国农业环境监测工作条例》，持续开展农业环境监测工作。

四、农业环境监测的机制与管理

1990 年，农业部建立了农业部环境监测总站。2012 年，农业部又建立了农业部农业生态与资源保护总站，牵头开展全国农业环境监测工作。

我国现有省、地、县级农业环保站总计 1 882 个，其中省级站（含计划单列市）34个，地级站 276 个，县级站 1 572 个，从业人员 10 000 余人。以总站为中心，省、地、县级农业环保站组成了全国农业环境监测网络，是全国环境监测网的二级专业监测网络。

以 1976 年的第一次全国污灌区普查为标志，长期以来，农业部在全国选择有代表性的重点农业生产区域，积极开展农用水、农田土壤、农区空气、农副产品污染等调查监测工作，先后组织开展了全国性监测 16 余次，获得了全国农产品产地土壤质量状况数据近100 万个，基本反映了我国农产品产地污染现状及发展趋势。基于每年的监测工作，农业部自 1994 年起开始编制《全国农业环境监测年报》，积极开展农业环境质量信息发布。

第二节 农田土壤环境质量监测

土壤不仅是人类赖以生存的物质基础和宝贵的财富源泉，还是人类最早开发利用的生产资料。但是，长期以来人们对土壤的重要性并不在意。随着全球人口增长和耕地锐减，资源耗竭，土壤退化、污染现象严重，土壤质量衰退已成为全球普遍问题，并且给人类文明和社会发展留下了惨痛教训。因此，提高土壤质量与促进现代农业持续、稳步、健康发展，是新时代农业发展的需求和趋势。

土壤样品采集与处理是土壤环境状况分析工作中的一个重要环节，是关系分析结果及结论是否正确、可靠的先决条件。为使分析的少量样品能反映一定范围内土壤环境状况的真实情况，必须正确采集与处理土样。一般土样分析误差来自采样、分样和分析三个方面，而采样误差往往大于分析误差，如果采样缺乏代表性，即使室内分析人员测定技术非常熟练，使用非常精密的分析仪器，测定数据再准确，也难以如实反映客观实际情况。故土样采集和制备是一项十分细致而重要的工作。

一、采样前现场调查与资料收集

采样前需要调查收集以下方面的内容：

1. 区域自然环境特征　水文、气象、地形地貌、植被、自然灾害等。

2. 农业生产土地利用状况　农作物种类、布局、面积、产量、耕作制度等。

3. 区域土壤地力状况　成土母质、土壤类型、层次特点、质地、pH、代换量、盐基饱和度、土壤肥力等。

4. 土壤环境污染状况　工业污染源种类及分布、污染物种类及排放途径和排放量、农田灌溉水污染状况、大气污染状况、农业固体废弃物产生、农业化学物质投入情况、自然污染源情况等。

5. 土壤生态环境状况　水土流失现状、土壤侵蚀类型、分布面积、侵蚀模数、沼泽化、潜育化、盐渍化、酸化等。

6. 土壤环境背景资料　区域土壤元素背景值、农业土壤元素背景值。

7. 其他相关资料和图件　土地利用总体规划、农业资源调查规划、行政区划图、土壤类型图、土壤环境质量图等。

二、采样准备

(一) 采样物资准备

包括采样工具、器材、文具及安全防护用品等。

1. 工具类　铁铲、铁镐、土铲、土钻、吸能锤、土刀、木片及竹片等。

2. 器材类　GPS定位仪、高度计、卷尺、标尺、容重圈、铝盒、塑料袋、标本盒、照相机以及其他特殊仪器和化学试剂。

3. 文具类　样品标签、记录表格、文具夹、铅笔等小型用品。

4. 安全防护用品　工作服、雨衣、防滑登山鞋、安全帽、常用药品等。对长距离大规模采样还需车辆等运输工具。

主要采样工具土钻：在土壤采样过程中会遇到不同土壤质地，如黏土、壤土、沙土和泥炭土。为了达到更好的采样效果，应该根据不同土壤质地，选择合适的钻头。国内取土钻主要有麻花钻、熊毅开门钻、直压式裁门钻、螺旋式裁口钻、环刀、洛阳铲等。如图3-1所示，构造基本属于内直外楔形。

（1）麻花钻。也称螺旋钻。通过加压旋转借助土壤介质导轨进入土体，非旋转垂直拔出，螺纹间距处获取土样。该土样经挤压扰动变形，为非原状土，可用于土壤观察及室内化学分析。该钻靠螺纹间距取土，螺纹较深。手动螺旋入土相对容易，但取钻因不能再靠

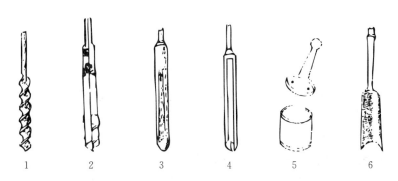

图 3-1 土钻示意图

1. 麻花钻 2. 熊毅开口钻 3. 直压式裁口钻 4. 螺旋式裁口钻 5. 环刀 6. 洛阳铲

反向旋转，须垂直拔出，阻力巨大，取样困难。

（2）熊毅开口钻。由钻头口可开合的半圆组成，刃口旋刀状，钻筒外壁下部外加螺旋。开口时，土柱极易取出。下钻时，可将活动半圆放下，与固定半圆相合，并在钻筒外壁上部加上套环，使钻筒固定，加压旋转，借助旋刀及外加螺纹减小土体阻力进入土体。外加螺纹的构想，因土壤较大的塑性及非质密物质的特殊性未能充分发挥作用。实际应用未达到预期效果，表现在入钻仍很困难，取钻更加困难。限制了该钻的推广应用，也掩盖了该钻的取样优点。

（3）直压式裁口钻。钻头沿轴向裁口，平刃口或倾斜刃口。直压靠刃口切削或倾斜刃口斜面切削进入土体，借助裁口取出样本。直压式操作简便，但因对克服土体阻力没有贡献，取样十分困难，几乎不能应用。

（4）螺旋式裁口钻。钻头裁口，旋刀刃口。垂直外加水平旋转操作，借助旋刀刃口切划进入土体。该钻利用旋刀刃口旋转相对减少土体阻力，较直压式裁口钻入土容易，但取样仍十分困难，未能有效克服土体阻力。同时，裁口不利于土柱的保存，并且在旋转过程中裁口壁剐削也使土柱产生挤压，很难获得原状土柱。

（5）环刀。一种特殊的直压式非开口钻，靠直压使环刀进入土体，挖出环刀削平刃口获得一定容积的土柱。它是目前广泛用于土壤物理性分析的一种取样器。作为土壤物理性分析取样器，它具有以下不足：首先，在获取原状土方面，常常造成明显压缩，取耕层样压缩更加明显。其次，取样阻力较大，取样困难。表现在手动直压很难压入土体，有时不得不借助外力冲击，若遇犁底层通常外力冲击也很难使环刀进入预定深度，从另一方面也加剧了土体的压缩。第三，现有环刀仅可取表层或浅表层土样，若取剖面土样则须挖剖面坑。取剖面原状土样的环刀虽有报道，但因目前取土钻不能有效克服土体阻力，入钻困难，该"钻"未能应用。环刀虽有不足，但目前尚无替代产品，这给土壤工作者，尤其是从事土壤物理性分析的土壤工作者带来了许多麻烦。

（6）洛阳铲。裁口较大的重力冲击钻，借助自身重力冲击克服土体阻力进入土体，是目前现有取土钻中使用效果较好的一种，可获得剖面土样，甚至可冻土取样。

（二）组织准备

组织具有一定野外调查经验、熟悉土壤采样技术规程、工作负责的专业人员组成采样组。采样前组织学习有关业务技术工作方案。

（三）技术准备

1. 样点位置图（或工作图）。

2. 样点分布一览表，内容包括编号、位置、土类、母质母岩等。

3. 各种图件。交通图、地质图、土壤图、大比例的地形图（标有居民点、村庄等标记）。

4. 采样记录表、土壤标签等。

（四）现场踏勘，野外定点，确定采样地块

1. 样点位置图上确定的样点受现场情况干扰时，要作适当的修正。

2. 采样点应距离铁路或主要公路 300 m 以上。

3. 不能在住宅、路旁、沟渠、粪堆、废物堆及坟堆附近设采样点。

4. 不能在坡地、洼地等具有从属景观特征地方设采样点。

5. 采样点应设在土壤自然状态良好，地面平坦，各种因素都相对稳定并具有代表性的面积在 $1\sim2\ hm^2$ 的地块。

6. 采样点一经选定，应作标记，并建立样点档案供长期监控用。

三、采集阶段

土壤污染监测、土壤污染事故调查及土壤污染纠纷的法律仲裁的土壤采样一般要按以下三个阶段进行。

1. 前期采样　对于潜在污染和存在污染的土壤，可根据背景资料与现场考察结果，在正式采样前采集一定数量的样品进行分析测试，用于初步验证污染物扩散方式和判断土壤污染程度，并为选择布点方法和确定测试项目等提供依据。前期采样可与现场调查同时进行。

2. 正式采样　在正式采样前应首先制订采样计划，采样计划应包括布点方法、样品类型、样点数量、采样工具、质量保证措施、样品保存及测试项目等内容。按照采样计划实施现场采样。

3. 补充采样　正式采样测试后，发现布设的样点未满足调查的需要，则要进行补充采样。如在污染物高浓度区域适当增加点位。

土壤环境质量现状调查、面积较小的土壤污染调查和时间紧急的污染事故调查可采取一次采样方式。

四、样品采集

（一）采样原则

土壤样品的采集是决定土壤分析结果是否可靠的重要环节。由于土壤的不均一性，采样时必须重视土样的代表性，遵循一定的原则和方法。第一，采样时必须避免一切主观因素的干扰，随机采样；第二，为便于样品间相互比较，应采集等量个体；另外，采样时还要考虑自然因素和人为因素的影响，以减少采样误差。

（二）农田土壤剖面样品采集

1. 土壤剖面点位 不得选在土类和母质交错分布的边缘地带或土壤剖面受破坏的地方。

2. 土壤剖面规格 为宽 1 m，深 1～2 m，视土壤情况而定。久耕地取样至 1 m，新垦地取样至 2 m，果林地取样至 1.5～2 m；盐碱地地下水位较高，取样至地下水位层；山地土层薄，取样至母岩风化层（图 3-2）。

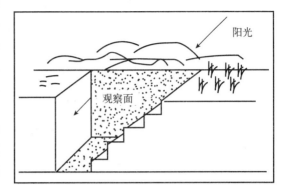

图 3-2 土壤规格剖面示意图

3. 土样采集 用剖面刀将观察面修整好，自上至下削去 5 cm 厚、10 cm 宽呈新鲜剖面。准确划分土层，分层按梅花点法，自下而上逐层采集中部位置土壤。分层土壤混合均匀各取 1 kg 样，分层装袋记卡。

4. 采样注意事项 挖掘土壤剖面要使观察面向阳，表土与底土分放土坑两侧，取样后按原层回填。

（三）农田土壤混合样品采集

每个土壤单元至少有 3 个采样点组成，每个采样点的样品为农田土壤混合样。混合样采集方法如下：

1. 对角线法 适用于污水灌溉的农田土壤，由田块进水口向出水口引一对角线，至少分五等分，以等分点为采样分点。土壤差异性大，可再等分，增加分点数。

2. 梅花点法 适于面积较小、地势平坦、土壤物质和受污染程度均匀的地块，设分点 5 个左右。

3. 棋盘式法 适宜中等面积、地势平坦、土壤不够均匀的地块，设分点 10 个左右；但受污泥、垃圾等固体废弃物污染的土壤，分点应在 20 个以上。

4. 蛇形法 适宜面积较大、土壤不够均匀且地势不平坦的地块，设分点 15 个左右，多用于农业污染型土壤。

（四）采样深度及采样量

种植一般农作物，每个分点处采 0～20 cm 耕作层土壤。种植果林类农作物，每个分点处采 0～60 cm 耕作层土壤。了解污染物在土壤中垂直分布时，按土壤发生层次采土壤剖面样。各分点混匀后取 1 kg，多余部分用四分法弃去。

五、采样现场记录

采样同时，专人填写土壤标签、采样记录、样品登记表，并汇总存档。土壤标签见图 3-3。农田土壤环境质量监测采样记录表见表 3-1，农田土壤环境质量监测样品登记表见表 3-2。

```
        土壤样品标签
样品编号_____业务代号_____
样品名称_____
土壤类型_____
监测项目_____
采样地点_____
采样深度_____
采 样 人_____采样时间_____
```

图 3-3 土壤样品标签

表 3-1 农田土壤环境质量监测采样记录表

采样日期 年 月 日 天气 共 页第 页

项目名称			受检单位	
采样地点		省（自治区、直辖市） 县（市、区） 乡（镇） 村 组		
土壤采样	土样编号		农副产品采样	
	采样深度		样品名称	
	土壤类型		样品编号	
	成土母质		采样部位	
地形地貌			主要农产品种类、播种面积、产量、所处成长期、成长情况等	
地下水位				
地力水平				
耕作制度				
灌溉水源、方式、灌水时间、用水量等			废水、废气、废渣污染历史及现状	
施用化肥、农药及其他化学品情况			农业固体废弃物污染	
现场情况记录			采样点位示意图 ↑北	

校对人_____ 记录人_____ 采样人_____

表 3-2 农田土壤环境质量监测样品登记表

监测业务代号 共 页第 页

样品编号	样品名称	采样深度（cm）	土壤类型	采样地点	采样时间	待测项目	备注

收样人_____ 送样人_____ 采样人_____

收样时间 年 月 日 送样时间 年 月 日 采样日期 年 月 日

填写人员根据明显地物点的距离和方位，将采样点标记在野外实际使用的地形图上，并与记录卡和标签的编号统一。

（一）采样注意事项

1. 测定重金属的样品，尽量用竹铲、竹片直接采取样品，或用铁铲、土钻挖掘后，用竹片刮去与金属采样器接触的部分，再用竹片采取样品。

2. 所采土样装入塑料袋内，外套布袋。填写土壤标签一式两份，一份放入袋内，一份扎在袋口。

3. 采样结束应在现场逐项逐个检查，如采样记录表、样品登记表、样袋标签、土壤样品、采样点位图标记等有缺项、漏项和错误处，应及时补齐和修正后方可撤离现场。

（二）样品编号

农田土壤样品编号是由类别代号、顺序号组成。

1. 类别代号 用环境要素关键字中文拼音的大写字母表示，即"T"表示土壤。

2. 顺序号 用阿拉伯数字表示不同地点采集的样品，样品编号从 T001 号开始，一个顺序号为一个采集点的样品。

3. 对照点和背景点样 在编号后加"CK"。

4. 样品登记的编号、样品运转的编号 应与采集样品的编号一致，以防混淆。

六、样品运输

样品装运前必须逐件与样品登记表、样品标签和采样记录进行核对，核对无误后分类装箱。

样品在运输中严防样品的损失、混淆或沾污，并派专人押运，按时送至实验室。接受者与送样者双方在样品登记表上签字，样品记录由双方各存一份备查。

第三节　农用水环境质量监测

一、采样前现场调查与资料收集

采样前需要调查收集以下方面的内容：

1. 调查区域的气候、水文、地质地貌特点及土壤类型、水土流失情况。

2. 调查区域的乡镇分布、工业（包括乡镇企业）布局、污染物的排放情况。

3. 调查区域内农业生产情况（农作物种类、产量、农药、化肥施用量及农畜、水产品种类、产量等）。

4. 调查区域内农用水源的分布、利用措施和变化，了解污染源分布、影响及水源污染情况。

5. 收集其他相关资料和图片，如土地利用现状图、土壤类型图、行政区划图、水系分布图等。

6. 将收集的背景资料加以分类整理，作为重要资料归档保存。

二、采样准备

(一) 采样容器材质选择

水样在储存期间要求容器材质化学稳定性好，器壁不溶性杂质含量极低，器壁对被测成分吸附少和抗挤压的材料，采样容器应采用聚乙烯塑料和硬质玻璃（又称硼硅玻璃）。

(二) 样品容器

装储水样要求用细口容器，封口塞材料要尽量与容器材质一致，塑料容器用塑料罗口盖，玻璃容器用玻璃口塞。测定有机物的水样容器不能用橡皮塞，碱性液体容器不能用玻璃塞。

1. 硼硅玻璃容器 这类容器无色透明便于观察样品及其变化，耐热性能良好，能耐强酸、强氧化剂及有机溶剂的腐蚀。

2. 聚乙烯容器 这类容器耐冲击，便于运输和携带。在常温下不被浓盐酸、磷酸、氢氟酸及浓碱腐蚀，对许多试剂都很稳定，储存水样时对大多数金属离子很少吸附，但对铅酸根、硫化氢、碘有吸附作用，适用于储存大多数无机成分的样品，而不宜储存测定有机污染物的水样。

3. 特殊样品容器 溶解氧应使用专门容器，测 BOD 的样品并配有尖端玻璃塞，以减少空气吸附程度，在运输中要求特别密封措施。用于微生物监测的样品容器要求能够经受灭菌过程中的高温。

(三) 容器的洗涤

装测水样的聚乙烯或硬质玻璃容器通常用洗涤剂清洗。先用自来水冲洗干净，再用 10% 硝酸或盐酸浸泡 8 h，用自来水冲洗干净，然后用蒸馏水漂洗 3 次；测铬水样的容器只能用 10% 硝酸泡洗，依次用自来水、蒸馏水漂洗干净；测总汞水样容器，用 1:3 硝酸充分荡洗后放置数小时，然后依次用自来水、蒸馏水漂洗干净；测油类水样容器用广口玻璃瓶，按一般洗涤方法洗涤后，还要用石油醚萃取剂彻底荡洗 3 次。

(四) 采样器的准备

采样器采用聚乙烯塑料水桶、单层采水器和有机玻璃采水器。

1. 聚乙烯塑料水桶 适用于水体中表层水除溶解氧、油类、细菌学指标等特殊要求以外的大部分水质和水生生物监测项目的采集。

2. 单层采水器 从表面水到较深的水体都可使用，适用于大部分监测项目样品采集，油类、细菌学指标必须使用这类采样器。

3. 有机玻璃采水器 该采水器桶内装有水银温度计，用途较广，除油类、细菌学指标以外，适用于水质、水生生物大部分监测项目的样品采集。

(五) 现场采样物品准备

1. 用于水质参数测定的仪器设备 pH 计、溶解氧测定仪、电导仪、水温计、色度盘等。

2. 水文参数测量设备 流速、测量测定仪等。

3. 样品运输物品 木箱、冰壶等。

4. 样品保存剂及玻璃量器 酸、碱等化学试剂、移液管、洗耳球等。

5. 各种表格、标签、记录纸、铅等小型用品。

6. 安全防护用品 工作服、雨衣、常用药品。

三、采样方法

水样一般采集瞬时样。采集水样前，应先用水样洗涤取样瓶和塞子2～3次。不同水源采样方法不同，各种水源采样方法见表3-3。

表3-3 各种农用水源采样方法

水 源	采样方法
用于灌溉的地下水水源	采取水样时，应允许开机放水数分钟，使积留在管道中的杂质和陈旧水排出，然后取样
用于农田灌溉渠系水源	一般灌渠采样可在渠边向渠中心采集，较浅的渠道和小河以及靠近岸边水浅的采样点也可涉水采样。采样时，采样者应站在下游向上游用聚乙烯桶采集，避免搅动沉积物，防止水样污染
河流、湖泊、水库（塘）水源	在河流、湖泊、水库（塘）可以直接汲水的场地，可用适当的容器，如聚乙烯桶采样。从桥上采集样品时，可将系着绳子的聚乙烯桶（或采样瓶）投入水中汲水。注意不能混入漂流于水面上的物质 在河流、湖泊、水库（塘）不能直接汲水的场地，可乘坐船只采样。采样船定于采样点下游方向，避免船体污染水样和搅起水底沉积物。采样人应在船舷前部尽量使采样器远离船体采样
污（废）水排放沟渠水源	连续向农区排放污（废）水的沟渠首先在排放口用聚乙烯桶采样，其次在水路中用聚乙烯桶采样

四、采样要求

（一）一般采样要求

采样前，应尽量在现场测定水体的水文参数、物理化学参数和环境气象参数。

1. 水文参数 主要有水宽、水深、流向、流速、流量、含沙量等。工作特殊要求时（如计算污水量）应按GB 50179测量，一般情况下，可目测估计。

2. 物理化学参数 主要有水温、pH、溶解氧、电导率和一些感观指标。

3. 气象参数 主要有天气状况（雨、雪等）、气温、气压、湿度、风向、风速等。

4. 采集水样后 在现场根据所测定项目要求添加不同种类的保存剂，并使容器留1/10顶空（测DO者除外），保证样品不外溢，然后盖好内外盖。

5. 采样时 断面横向和垂向点位的数目位置应完全准确，每次要尽量保持一致。

6. 采样人员应穿工作服 不应使用化妆品，现场分样和密封样品时不应吸烟；汽车应放在采样断面下风向50 m以外处。

（二）特殊监测项目的采样要求

1. pH、电导率 pH 应现场测定，如条件有限，可实验室测定。测定的样品应使用密封性好的容器。由于水样不稳定，且不宜保存，所以采样器采集样品后，应立即灌装。另外，在样品灌装时，应从采样瓶底部慢慢将样品容器完全充满并且紧密封严，以隔绝空气。

2. 溶解氧、生化需氧量 溶解氧应现场测定，如条件有限，可实验室测定。应用碘量法测定水中溶解氧，水样需直接采集到样品瓶中。在采集水样时，要注意不使水样曝气或有气泡残存在采样瓶中。特别的采样器如在直立式采水器和专用的溶解氧瓶可防止曝气和残存气体对样品的干扰。如果使用有机玻璃采水器、球盖式采水器、颠倒采水器等则必须防止搅动水体，入水应缓慢小心。

当样品不是用溶解氧瓶直接采集，而需要从采样器（或采样瓶）分装时，溶解氧样品必须最先采集。而且应在采样器从水中提出后立即进行。用乳胶管一端连接采水器放水嘴或用虹吸管与采样瓶连接。乳胶管的另一端插入溶解氧瓶底。注入水样时，先慢速注至小半瓶，然后迅速充满，至溢流出瓶的水样达溶解氧瓶 1/3～1/2 容积时，在保持溢流状态下，缓慢地撤出管子。按顺序加入锰盐溶液和碱性碘化钾溶液。加入时须将移液管的尖端缓慢插入样品表面稍下处，慢慢注入试剂。小心盖好瓶塞，将样品瓶倒转 5～10 次以上，并尽快送实验室分析。

3. 悬浮物 悬浮物测定用的水样，在采集后，应尽快从采样器中放出样品，在装瓶的同时摇动采样器，防止悬浮物在采样器内沉降。非代表性的杂质，如树叶、杆状物等应从样品中除去。灌装前，样品容器和瓶盖用水彻底冲洗。

该类项目分析用样品难以保存，所以采集后应尽快分析。

4. 重金属污染物、化学耗氧量 水体中的重金属污染物和部分有机污染物都易被悬浮物质吸附。特别在水体中悬浮物含量较高时，样品采集后，采样器的样品中所含的污染物随着悬浮物的下沉而沉降。因此，必须边摇动采样器（或采样瓶）边向样品容器灌装样品，以减少被测定物质的沉降，保证样品的代表性。

5. 油类 测定水中溶解的或乳化的油含量时，应该用单层采水器固定样品瓶在水体中直接灌装，采样后迅速提出水面，保持一定的顶空体积，在现场用石油醚萃取。

测定油类的样品容器禁止预先用水样冲洗。

（三）质控样品采样要求

1. 空白样 指在现场以纯水作样品，按测定项目的采集方法和要求，与样品同等条件下瓶装、保存、运输、送交实验室分析的样品。

2. 平行样品 指同等采样条件下，采集平行双样，编码后送实验室分析。

3. 空白样和平行样品采样数量 各控制在采样总数的 10％ 左右，或在每批采 2 个样品。

五、采样深度及采样量

用于农田灌溉的渠系及小型河流均采集表层水；对于宽度大于 30 m、水较深的河流，在水面下 0.3～0.5 m 处和距河底 2 m 处分别采集样品；对于水深小于 5 m 的河流，在水面下 0.3～0.5 m 处采集样品；湖泊、水库（塘）在水面下 0.3～0.5 m 处采集样品。

水样的采集量由监测项目决定，实际采水量为实际用量的 3～5 倍。一般采集 50～2 000 mL 即可达到要求。

六、采样现场记录

认真填写水样采样现场记录、样品标签、样品登记表等，用硬质铅笔或圆珠笔书写，样品登记表应一式 3 份。样品标签见图 3-4。采样记录表见表 3-4，监测样品记录表见表 3-5。

```
                农用水源样品标签
   样品编号_____业务代号_____
   样品名称_____
   采样地点_____
   监测项目_____
   保存剂及数量_____
   采 样 人_____采样时间_____
```

图 3-4　农用水源样品标签

表 3-4　农用水源环境质量监测采样记录表

采样日期　　年　月　日　天气　　　　　　　　　　　　　　　　　共　页第　页

项目名称								
采样地点	省（自治区、直辖市）　　县（市、区）　　乡（镇）　　村　　组							
水体名称		断面位置			上游水体			
水体感官描述	漂浮物		颜色		气味	混浊度		水生生物
样品编号	采样位置	采样时间	保存剂种类及数量	待测项目	现场测定记录			备注
					水温（℃）	pH	DO（mg/L）	
现场情况记录				采样点位示意图				

校对人_____　记录人_____　采样人_____

表3-5 农用水源环境质量监测样品记录表

监测业务代号 共 页第 页

样品编号	水体名称	采样地点	采样时间	待测项目	现场测定记录			备 注
					水温（℃）	pH	DO（mg/L）	

收样人_____ 送样人_____ 采样人_____

收样时间 年 月 日 送交时间 年 月 日 采样日期 年 月 日

（一）采样注意事项

1. 采样时保证采样点位置准确，不搅动底部沉积物。

2. 洁净的容器在装入水样之前，应先用该采样点水样冲洗2～3次，然后装入水样。

3. 待测溶解氧的水样应严格不接触空气，其他水样也应尽量少接触空气。

4. 采样结束前，应仔细检查采样记录和水样，若漏采或不符合规定者，应立即补采或重采。经检查确定准确无误方可离开现场。

（二）样品编号

1. 农用水源样品编号由类别代号、顺序号组成。

2. 类别代号 用农用水源关键字中文拼音的1～2个大写字母表示，即"SH"表示农用水源样品。

3. 顺序号 用阿拉伯数字表示不同地点采集的样品，样品编号从SH001号开始，一个顺序号为1个采样点采集的样品。

4. 对照点和背景点样，在编号后加"CK"。

5. 样品登记的编号、样品运转的编号均与采集样品的编号一致，以防混淆。

七、样品的运输

水样运输前必须逐个与采样记录和样品标签核对，核对无误后应将样品容器内、外盖盖紧，装箱时应用泡沫塑料或波纹纸间隔，防止样品在运输中因震动、碰撞而导致破损或沾污；须冷藏的样品应配备专门的隔热容器，放入制冷剂，样品瓶置于其中保存；样品运输时必须配专人押送，水样交给试验分析时，接收者与运送者首先要核对样品，验明标识，确切无误后双方在样品登记表上签字。

第四节 农区环境空气质量监测

一、采样前现场调查与资料收集

（一）监测区域内污染源调查

1. 工矿企业大气污染源调查重点 调查收集工矿企业分布、类型、大气污染物种类、排放方式、排放量、排放时间，以及废气处理情况。调查时应注意收集工矿企业环境影响评价资料和周围其他大气污染资料。

2. 生活炉灶污染源调查。

3. 机动车辆及其他大气污染源调查。

（二）调查和收集与空气监测有关的自然因素方面的资料

1. 气象资料 主要气候特征和要素的地理分布、时空变化规律等，如最大风速、盛行风向、气温、气压、降水量、能见度等。

2. 环境条件 地形地貌、植被、所处地理位置等。

3. 植物生长情况 灵敏和抗性植物群落的伤亡及正常生长情况等作为重点调查内容，以便选出有关空气污染的指示植物。

（三）调查和收集社会经济情况与资料

调查和收集有关监测区域内的行政区划、人口分布、农业生产、工业布局、人畜健康等社会经济情况与资料。

（四）调查和收集环境质量方面的资料

调查和收集监测区域内大气基础质量水平、污染状况以及大气污染对农业生产的危害，包括污染现状和污染历史等资料。

将收集的背景资料加以分类整理，归档保存。

二、采样方法

采集大气样品是测定农区大气中包含的污染物的第一步，直接关系到测试结果的准确性。只有正确的采样方法才能为以后的样品测试分析提供可靠的基础。如果采样方法不正确，就无法得到可靠、正确的测试结果。

大气污染物采样一般根据有无动力分为动力采样法和被动采样法。也可根据采集样品污染物浓度有无变化而分为直接采样法和浓缩采样法。

（一）直接采样法

直接采样法是指将空气样品直接采集到合适的气体收集器内的采样方法。

直接采样法适用于气体中须测组分浓度较高或所用分析方法的灵敏度较高，一氧化碳、挥发性有机物、总烃等污染物的分析。

直接采样法分为置换法、真空法和充气法。所用的装置有注射器、真空瓶（罐）、气袋、球胆等。采集方法应根据污染物的理化性质及分析监测方法的检出限进行选择。

1. 置换法 该方法为用采样现场气体置换采样容器中原有气体进行采样的方法。该方法常用的采样装置有 50 mL 注射器、100 mL 注射器、采气管、球胆、塑料袋、塑料气球等。置换法采集样品分析是待测物质的瞬间浓度。

现场采样时，用抽气装置或吸气装置将采样现场气体送入或抽入采样容器中。为将采样容器中的原有气体充分置换，以保证所采集气体样品能代表采样现场空气状况，采样前，应在现场用待测气体将采集容器清洗 3～5 次。用注射器采样时，应在现场用待测气体抽洗 3～4 次注射器后再采样。采样后，注射器针端应戴上针帽并朝下，活塞端朝上并垂直放置，使注射器内形成微正压，可避免外界气体渗入注射器内影响采集的样品。

2. 真空法 采样前将采集容器用真空泵抽成真空（＜10 Pa），至现场打开进气阀进行采样，待采样容器内外压力一致后关闭阀门，用密封帽密封，完成采样。真空法采集容器主要为真空瓶或真空罐。

采样前，真空罐（瓶）应先清洗或加热清洗 3～5 次，再抽真空。真空度应符合相关监测方法标准的要求。每批次真空罐（瓶）应进行空白测定。采样所用的辅助物品也应经过清洗，密封带到现场，或者事先在洁净的环境中安装好，封好进气口带到现场。

3. 充气法 用隔膜泵、注射器、皮老虎、手抽气筒或压气球等，将待测气体注入气袋或球胆中。采样前，应用待测气体清洗气袋（球胆）3～5 次，采样后应尽快分析。

选用的气袋或球胆不应与待测气体发生化学作用和渗透作用。适宜采集化学性质稳定不活泼的气体样品，如一氧化碳等。

气袋（球胆）采样方式可分真空负压法和正压注入法。真空负压法采样系统由进气管、气袋（球胆）、真空箱、阀门和抽气泵等部分组成；正压注入法用双联球、注射器、正压泵等器具通过连接管将样品气体直接注入气袋（球胆）中。采样前气袋（球胆）应清洗干净，确保无残留气体干扰。采样前应检查气袋（球胆）是否密封良好，是否有破裂损坏等情况，并进行气密性检查，确保采样系统不漏气。

（二）浓缩采样法

当大气中有害物质浓度很低时，直接采样法满足不了目前的分析方法灵敏度和检测下限要求，则须将气体中的污染物进行浓缩，使之满足分析方法灵敏度的要求。浓缩采样是让所采集的大气样品通过吸收液或吸附剂，将大气中的污染物吸收或阻留。浓缩采样一般用时较长，测得的结果代表采样时间段内气态污染物的平均浓度。

浓缩采样法主要有溶液吸收法、吸附管采样法、滤膜采样法、滤膜-吸附剂联用采样法等。在实际应用时，可以根据检测目的和要求、污染物的理化性质、在大气中存在状态以及所用分析方法进行选择。

1. 溶液吸收采样法 溶液吸收采样法是利用空气中被测组分能迅速溶解于吸收液或能与吸收液迅速发生化学反应的原理，采集环境空气中气态污染物的采样方法。

溶液吸收采样法适用于二氧化硫、二氧化氮、氮氧化物、臭氧等气态污染物的样品采集。

溶液吸收采样系统主要由采样管路、采样器、吸收装置等部分组成。常见的吸收装置主要有气泡吸收管（瓶）、多孔玻板吸收管（瓶）和冲击式吸收管（瓶）等，常见吸收管（瓶）结构如图 3-5 所示，吸收装置技术要求按相关监测方法标准规定执行。溶液吸收法的采样管路可用不锈钢、玻璃和聚四氟乙烯等材质，采集氧化性和酸性气体应避免使用金属材质采样管。

吸收液的选择：常用的吸收液有水、水溶液或有机溶剂等。采集酸性测试物可选用碱吸收液；采集碱性测试物可选用酸性吸收液；有机蒸气易溶于有机溶剂，可选用加有一定量可与水互溶的有机溶剂作为吸收液。理想的吸收液不仅可以吸收空气中的待测物，同时还可以用作显色液。

实际工作中应根据待测物的理化性质和分析方法选择吸收液。待测物在吸收液中应有较大溶解度，发生化学反应速度快、稳定时间长；吸收液的成分对分析测定无影响；选用的吸收液还应价廉、易得、无毒害作用。

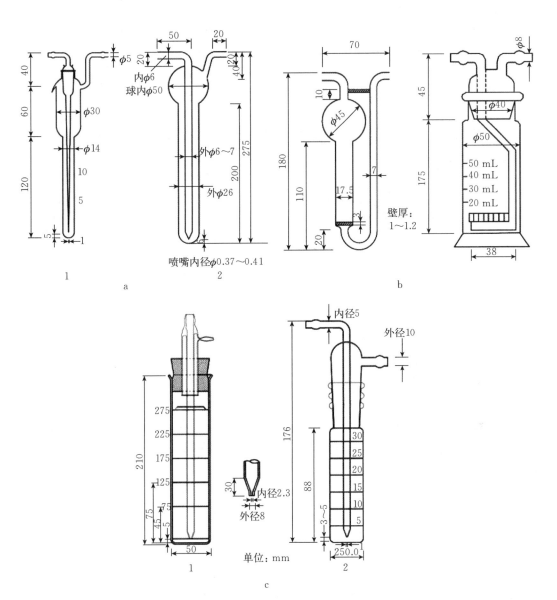

图 3-5 常见吸收管（瓶）结构示意图

a. 气泡吸收管 1. 普通型 2. 直筒型

b. 多孔玻板吸收管（瓶） c. 冲击式吸收管 1. 小型 2. 大型

采样前准备：采样前应检查采样管路是否洁净，如不洁净应进行清洗或更换。并选择合适的吸收管（瓶），装入相应的吸收液，具体要求见相关监测方法标准规定。进行气密性检查：将吸收管（瓶）及必要的前处理装置正确连接到气体采样管路，打开仪器，调节流量至规定值，封闭吸收管（瓶）进气口，吸收管（瓶）内不应冒气泡，采样仪器的流量计不应有流量显示，或者按照 HJ/T 375 中相关要求执行。采样前、后用经检定合格的标准流量计校验采样系统的流量，流量误差应小于 5%。观察恒流装置、仪器温控装置、采样器压力传感器、计时器是否正常。

2. 吸附管法 吸附管法指利用空气中被测组分通过吸附、溶解或化学反应等作用被阻留在固体吸附剂上的原理，采集环境空气中气态污染物的采样方法。

吸附管采样法适用于汞、挥发性有机物等气态污染物的样品采集。

吸附管采样系统主要由采样管路、采样器、吸附管等部分组成。吸附管为装有各类吸附剂的普通玻璃管、石英管或不锈钢管等，吸附剂的类型、粒径、填装方式、填装量及吸附管规格须符合相关监测方法标准要求。常见的固体吸附剂有活性炭、硅胶和有机高分子等吸附材料。常见吸附管结构见图 3-6、图 3-7。

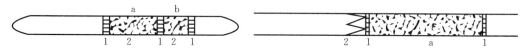

图 3-6 活性炭吸附管
　　a. 100 mg 活性炭　　b. 50 mg 活性炭
　　1. 玻璃棉　　2. 活性炭

图 3-7 高分子材料吸附管
　　a. 固体吸附剂
　　1. 不锈钢网/滤膜　　2. 弹簧片

理想的固体填充剂应具有良好的机械强度、稳定的理化性质、通气阻力小、采样效率高、易于解吸附、空白值低等性能。颗粒状吸附剂可用于气体、蒸气和气溶胶的采样。应根据采样和分析的需要，选择合适的固体吸附剂。

填充剂的种类：空气理化检验工作中，不但要求填充柱采样管的采样浓缩效率高，而且要求采样后的解吸回收率也要高。因此，选择合适的填充剂至关重要。

常用的颗粒状填充剂有硅胶、活性炭、素陶瓷、氧化铝和高分子多孔微球等。

（1）硅胶（silica gel，$SiO_2 \cdot nH_2O$）。硅胶是一种极性吸附剂，对极性物质有强烈的吸附作用。它既具有物理吸附作用，也具有化学吸附作用。空气中水分对其吸附作用有影响，吸水后会失去吸附能力。使用前，硅胶要在 $100 \sim 200 \ ℃$ 活化，以除去物理吸附水。硅胶的吸附力较弱，吸附容量小，已吸附的物质容易解吸。在 $350 \ ℃$ 条件下，通氮气或清洁空气可解吸所采集的物质；也可用极性溶剂（如水、乙醇等）洗脱；还可用饱和水蒸气在常压下蒸馏提取。

（2）活性炭（activated carbon）。活性炭是一种非极性吸附剂，可用于非极性和弱极性有机蒸气的吸附；吸附容量大，吸附力强，但较难解吸。少量的吸附水对活性炭吸附性能影响不大，因所吸附的水可被非极性或弱极性物质所取代。不同原料（椰子壳、杏核、动物骨）烧制的活性炭的性能不完全相同。活性炭适宜于采集非极性或弱极性有机蒸气，可在常温下或降低采集温度的条件下，有效采集低沸点的有机蒸气。被吸附的气体或蒸气可通氮气加热（$250 \sim 300 \ ℃$）解吸或用适宜的有机溶剂（如二硫化碳）洗脱。

（3）高分子多孔微球（high polymer porosity micro-sphere）。它是一种多孔性芳香族化合物的聚合物，使用较多的是二乙烯基与苯乙烯基的共聚物。高分子多孔微球表面积大、机械强度较高、热稳定性较好、对一些化合物具有选择性的吸附作用、较容易解吸；广泛用作气相色谱固定相或空气检测物的采样；主要用于采集有机蒸气，特别是采集一些相对分子质量较大、沸点较高且有一定挥发性的有机化合物，如有机磷、有机氯农药以及多环芳烃等。可根据被采集检测物的理化性质，选择适宜型号的高分子多孔微球，通常选用 20～50 目的高分子多孔微球。常用的高分子多孔微球见表 3-6。

表 3-6　常用于采集空气样品的高分子多孔微球

商品名	化学组成	平均孔径（nm）	表面积（m²/g）
Amberlite XAD-2	二乙烯基苯-苯乙烯共聚物	9	300
Amberlite XAD-4	二乙烯基苯-苯乙烯共聚物	5	750～800
Chromosorb 102	二乙烯基苯-苯乙烯共聚物	8.5	300～400
Porapak Q	甲苯乙烯基苯-二乙烯基苯共聚物	7.5	840
Porapak R	二乙烯基苯-苯乙烯极性单体共聚物	7.6	547～780
Tenax GC	聚 2,6-苯基对苯醚	72	18.6

使用前，应将高分子多孔微球进行净化处理：先用乙醚浸泡，振摇 15 min，除去高分子多孔微球吸附的有机物，弃除乙醚，再用甲醇清洗，以除去残留的乙醚；然后用水洗净甲醇，于 102 ℃ 干燥 15 min。也可以于索氏提取器内用石油醚提取 24 h，然后在清洁空气中挥发除去石油醚，再在 60 ℃ 活化 24 h。净化处理的高分子多孔微球保存于密封瓶内。

与溶液吸收法相比，固体填充剂采样法具有以下优点：可以长时间采样，适用于大气污染组分的日平均浓度的测定；克服了溶液吸收法在采样过程中待测物的蒸发、挥发等损失和采样时间短等缺点。只要选用适当，固体填充剂对气体和气溶胶都有较高的采样效率，而溶液吸收法通常对烟、尘等气溶胶的采集效率不高。采集在固体填充剂上的待测物比在溶液中更稳定，可存放几天甚至数周。另外，去现场采样时，固体填充剂采样管携带也很方便。

3. 滤膜采样法　滤膜采样法适用于总悬浮颗粒物、可吸入颗粒物、细颗粒物等大气颗粒物的质量浓度监测及成分分析，以及颗粒物中重金属、苯并［α］芘、氟化物（小时浓度和日均浓度）等污染物的样品采集。

滤膜采样系统由颗粒物切割器、滤膜夹、流量测量及控制部件、采样泵、温湿度传感器、压力传感器和微处理器等组成。用滤纸或滤膜等滤料采样时，滤料对颗粒物不仅有直接阻挡作用，还有惯性沉降、扩散沉降和静电吸引等作用。滤料采样法的采样效率与滤料和气溶胶的性质有关，同时还受采样流速等因素的影响。

滤膜夹用优质塑料制成，采样时要根据采集大气样品、采集作业场所样品的不同要求，选用直径适当的滤料和滤料垫。滤膜夹的气密性要好，用前要进行相关性能检查：在采样夹内装上不透气的塑料薄膜，放于盛水的烧杯中；然后向采样夹内送气加压，当压差达到 1 kPa 时，水中不产生气泡，表明滤膜夹的气密性好。

常用滤料有定量滤纸、玻璃纤维滤纸、有机合成纤维滤料、微孔滤膜和浸渍试剂滤料等。

（1）定量滤纸（quantitative filter paper）。这种滤料由植物纤维素浆制成。它的优点是灰分低，机械强度高，不易破损，耐热（150 ℃），价格低廉。但由于滤纸纤维较粗，孔隙较小，因此通气阻力大。采集的气溶胶颗粒能进入滤纸内部，解吸较困难。滤纸的吸湿性大，不宜用作称重法测定空气中颗粒物的浓度。空气采样时主要使用中、慢速定量滤纸或层析滤纸。

（2）玻璃纤维滤纸（glass fiber filter paper）。这种滤纸是用超细玻璃纤维制成的，厚度小于 1 mm。其优点是耐高温，可在低于 500 ℃烘烤，去除滤纸上存在的有机杂质；吸湿性小、通气阻力小，适用于大流量法采集空气中低浓度的有害物质。玻璃纤维滤纸不溶于酸、水和有机溶剂，采样后可用水、有机溶剂和稀硝酸等提取待测物质。其缺点是金属空白值高，机械强度较差；溶液提取时，易成糊状，需要过滤；若要将玻璃纤维消解，须用氢氟酸或焦磷酸。石英玻璃纤维滤纸是以石英为原料制成的，克服了普通玻璃纤维滤纸空白值高的缺点，但是价格昂贵。

（3）聚氯乙烯滤膜（polyvinyl chloride filtration membrane）。聚氯乙烯滤膜又称为测尘滤膜，静电性强、吸湿性小、阻力小、耐酸碱、孔径小、机械强度好、重量轻，金属空白值较低，可溶于某些有机溶剂（如乙酸乙酯、乙酸丁酯），常用于粉尘浓度和分散度的测定。它的主要缺点是不耐热，最高使用温度为 55 ℃；采样后样品处理时，加热会发生卷曲，可能包裹颗粒物；一般不应采用高氯酸消解样品，以防发生剧烈氧化燃烧，造成样品损失。

（4）微孔滤膜（micro-pore filtration membrane）。这是一种用硝酸纤维素或乙酸纤维素制作的多孔有机薄膜，质轻色白，表面光滑，机械强度较好，最高使用温度为125 ℃，可在沸水乃至高压釜中蒸煮。它能溶于丙酮、乙酸乙酯、甲基异丁酮等有机溶剂；也易溶于热的浓酸，但几乎不溶于稀酸中。微孔滤膜的采样效率高，灰分低，所采集的样品特别适宜于气溶胶中金属元素的分析。微孔滤膜具有不同大小和孔径规格，常用的孔径规格为 0.1～1.2 μm。一般选用 0.8 μm 孔径的微孔滤膜采集气溶胶。由于微孔滤膜的通气阻力较大，它的采样速度明显低于聚氯乙烯滤膜和玻璃纤维滤纸的采样速度。

（5）聚氨酯泡沫塑料（polyurethane foam plastic）。它是由泡沫塑料的细泡互相连通而成的多孔滤料，表面积大，通气阻力小，适宜于较大流量的采样。常用于同时采集气溶胶和蒸气状态两相共存的某些检测物。使用前应进行处理，先用 1 mol/L NaOH 煮沸浸泡数十分钟，然后用水洗净，风干。用于有机检测物的采集时，可用正己烷等有机溶剂经索氏提取 4～8 h 后，除尽溶剂，再风干。处理好的聚氨酯泡沫塑料应密闭保存，使用过的聚氨酯泡沫塑料经处理后可以反复使用。

采样滤料种类较多，采样时应根据分析目的和要求选择使用。所选的滤料应该采样效率高，采气阻力小，重量轻，机械强度好，空白值低，采样后待测物易洗脱提取。玻璃纤维滤纸和合成纤维滤料的阻力较小，可用于较大流量的采样。表 3－7 为常用滤料中杂质的含量。分析金属检测物时，最好选用金属空白值低的微孔滤膜，分析有机检测物时，要选用经高温预处理后的玻璃纤维滤纸等。

表 3-7　几种滤料中的无机元素含量（本底值，$\mu g/cm^2$）

元素	玻璃纤维	有机滤膜	银薄膜
As	0.08	—	—
Be	0.04	0.000 3	0.2
Bi	—	<0.001	—
Cd	—	0.005	—
Co	—	0.000 02	—
Cr	0.08	0.002	0.06
Cu	0.02	0.006	0.02
Fe	4	0.03	0.3
Mn	0.4	0.01	0.03
Mo	—	0.000 1	—
Ni	<0.08	0.001	0.1
Pb	0.8	0.008	0.2
Sb	0.03	0.001	—
Si	7 000	0.1	13
Sn	0.05	0.001	—
Ti	0.8	2	0.2
V	0.03	0.001	—
Zn	160	0.002	0.01

4. 滤膜-吸附剂联用采样法　滤膜-吸附剂联用采样法指将滤膜和吸附剂联合使用，同时采集环境空气中以气态和颗粒物并存的污染物的采样方法。

滤膜-吸附剂联用采样法适用于多环芳烃类等半挥发性有机物的样品采集。

在滤膜采样系统的基础上，增加气态污染物捕集装置，主要包括装填吸附剂的采样筒、采样筒架及密封圈等。

（三）被动采样法

被动采样法指将采样装置或气样捕集介质暴露于环境空气中，不需要抽气动力，依靠环境空气中待测污染物分子的自然扩散、迁移、沉降等作用而直接采集污染物的采样方法。

被动采样法适用于硫酸盐化速率、氟化物（长期）、降尘等污染物的样品采集。

1. 硫酸盐化速率　将用碳酸钾溶液浸渍过的玻璃纤维滤膜（碱片）暴露于环境空气中，环境空气中的二氧化硫、硫化氢、硫酸雾等与浸渍在滤膜上的碳酸钾发生反应，生成硫酸盐而被固定的采样方法。

采样装置由采样滤膜和采样架组成，采样架由塑料皿、塑料垫圈及塑料皿支架构成，如图 3-8 所示。

采样滤膜（碱片）制备：将玻璃纤维滤膜剪成直径 70 mm 的圆片，毛面向上，平放于 150 mL 的烧杯口上，用刻度吸管均匀滴加 30% 碳酸钾溶液 1.0 mL 于每张滤膜上，使其扩散直径为 5 cm。将滤膜置于 60 ℃下烘干，储存于干燥器内备用。

现场采样是首先将滤膜毛面向外放入塑料皿中，用塑料垫圈压好边缘；将塑料皿中滤膜面向下，用螺栓固定在塑料皿支架上，并将塑料皿支架固定在距地面高 3～15 m 的支持物上，距基础面的相对高度应大于 1.5 m，记录采样点位、样品编号、放置时间等。采样结束后，取出塑料皿，用锋利小刀沿塑料垫圈内缘刻下直径为 5 cm 的样品膜，将滤膜样品面向里对折后放入样品盒（袋）中。

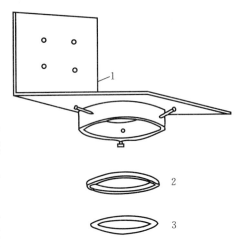

图 3-8　硫酸盐化速率被动采样装置示意图
1. 塑料皿支架　2. 塑料皿　3. 塑料垫圈

2. 氟化物（长期） 环境空气中氟化物主要采用石灰滤纸进行采样。采样原理是利用空气中的氟化物（氟化氢、四氟化硅等）与浸渍在滤纸上的氢氧化钙反应而被固定。用总离子强度调节缓冲液浸提后，以氟离子选择电极法测定，获得石灰滤纸上氟化物的含量。测定结果反映的是放置期间空气中氟化物的平均污染水平。其样品的采集应符合 HJ 481 的相关要求。

3. 降尘 环境空气中降尘是采用乙二醇水溶液做收集液的湿法采样，用重量法测定。其原理是空气中可沉降的颗粒物，沉降在装有乙二醇水溶液做收集液的集尘缸内，经蒸发、干燥、称重后，计算降尘量。其样品的采集应符合 GB/T 15265 的相关要求。

三、采样仪器的准备

吸收管的筛选：用阻力试验或发泡试验的方法筛选出合格的吸收管，吸收管用过后用去离子水冲洗，以免堵塞玻璃板。

滤膜的检查：滤膜使用前必须在光源下对光检查，剔除有针孔、折裂、不均匀和存在其他缺陷的滤膜。

其他仪器设备、采样工具及化学药品的准备按其相应的分析方法中的要求执行。

四、采样要求

到达采样地点后，安装好采样装置。试启动采样器 2～3 次，检查气密性，观察仪器是否正常，吸收管与仪器之间的连接是否正确，调节时钟与手表对准，确保时间无误。

按时开机、关机。采样过程中应经常检查采样流量，及时调节流量偏差。对采用直流供电的采样器应经常检查电池电压，保证采样流量稳定。

用滤膜采样时，安放滤膜前应用清洁布擦去采样夹和滤膜支架网表面的尘土，滤膜毛面朝上，用镊子夹入采样夹内，严禁用手直接接触滤膜。用螺丝固定和密封滤膜时拧力要适当，以不漏气为准。采样后取滤膜时，应小心将滤膜毛面朝内对折。将折压好的滤膜放在表面光滑的纸袋或塑料袋中，并储于盒内。要特别注意有无滤膜屑留在采样夹内，应取出与滤膜一起称重或测量。

采样的滤膜应注意是否出现物理性损坏及采样过程中是否有穿孔漏气现象，一经发现，此样品滤膜作废。

用于采集氟化物的滤膜或石灰滤纸，在运输保存过程中要隔绝空气。

用吸收液采气时，温度过高、过低对结果均有影响。温度过低时吸收率下降，过高时样品不稳定。故在冬季、夏季采样吸收管应置于适当的恒温装置内，一般使温度保持在 $15\sim25$ ℃为宜。而二氧化硫采集温度则要求在 $23\sim29$ ℃。氮氧化物采样时要避光。

采样过程中采样人员不能离开现场，注意避免路人围观，不能在采样装置附近吸烟，应经常观察仪器的运转状况，随时注意周围环境和气象条件的变化，并认真作好记录。

采样记录填写要与工作程序同步。完成一项填写一项。不得超前或后补。填写记录要翔实。内容包括样品名称、采样地点、样品编号、采样日期、采样开始与结束的时间、采样量，采样时的温度、压力、风向、风速、采样仪器、吸收液情况说明等，并有采样人签字。

五、质控样的采集

1. 室内空白 空气中氮氧化物、二氧化硫的样品由采样泵采自于环境空气，而制作校准曲线的标准溶液则由相当的化学试剂所配制，两者存有显著的差异。实验室的空白只相当于校准曲线的零浓度值。因此，该项目在实验室分析时不必另做实验室空白试验。

2. 现场空白 采集二氧化硫和氮氧化物样品时，应加带一个现场空白吸收管，与其他采样吸收管同时带到现场。该管不采样，采样结束后与其他采样吸收管一并送交实验室。此管即为该采样点当天该项目的静态现场空白管。

样品分析时测定现场空白值，并与校准曲线的零浓度值进行比较。如现场空白值高于或低于零浓度值，且无解释依据时，应以该现场空白值为准，对该采样点当天的实测数据加以校正。当现场空白值高于零浓度值时，分析结果应减去两者的差值，现场空白值低于零浓度值时，分析结果应加上两者差值的绝对值。采用上法可消除某些样品测定值低于校准曲线空白值的不合理现象。

采集氟化物使用的滤膜（或石灰滤纸）现场空白：将浸渍好的滤膜（或石灰滤纸）带到采样现场，不采集样品。采样结束后，与样品滤膜（或石灰滤纸）一并带回实验室，即为氟化物的现场空白。

现场空白样采集的数量：二氧化硫和氮氧化物每天采集一个；氟化物滤膜每批样品须采 $4\sim6$ 个。

现场平行样的采集：用两台型号相同的采样器，以同样的采样条件（包括时间、地点、吸收液、滤膜、流量、朝向等）采集的气样为平行样。采集二氧化硫、氮氧化物的平行样时两台仪器相距 $1\sim2$ m，采集氟化物和总悬浮颗粒物时相距 $2\sim4$ m。

六、采样现场记录

采样工作人员应及时准确地填写好采样记录、样品标签、样品登记表等。用硬质铅笔或钢笔书写样品登记表应一式 3 份。样品标签见图 3-9。农区环境空气质量监测采样记录表见表 3-8，农区环境空气质量监测样品登记表见表 3-9。

环境空气样品标签

样品编号＿＿＿＿＿＿＿＿＿ 业务代号＿＿＿＿＿＿＿＿＿

样品名称＿＿＿＿＿＿＿＿＿＿＿＿＿＿＿＿＿＿＿＿＿＿

采样地点＿＿＿＿＿＿＿＿＿＿＿＿＿＿＿＿＿＿＿＿＿＿

监测项目＿＿＿＿＿＿＿＿＿＿＿＿＿＿＿＿＿＿＿＿＿＿

起止时间＿＿＿＿＿＿＿＿＿ 标况体积＿＿＿＿＿＿＿＿

采 样 人＿＿＿＿＿＿＿＿＿ 采样时间＿＿＿＿＿＿＿＿

图 3-9 环境空气样品标签

表 3-8 农区环境空气质量监测采样记录表

采样日期 年 月 日　天气　　　　　　　　　　　　　　　　共 页第 页

	项目名称					受检单位				
	采样地点			省（自治区、直辖市）　县（市、区）　乡（镇）　村　　组						
样品编号	吸收液或滤膜编号	采样起止时间	间隔时间(min)	采样流量(L/min)	采样体积(L)	气温(℃)	气压	标况体积(L)	待测项目	备注
现场情况记录					采样点位示意图　　　↑北					

校对人＿＿＿＿＿　　　　记录人＿＿＿＿＿　　　　采样人＿＿＿＿＿

表 3-9 农区环境空气质量监测样品登记表

监测业务代号　　　　分析日期 年 月 日　　　　　　　　　　共 页第 页

样品编号	采样地点	吸收液或滤膜编号	采样日期	起止时间	标况体积(L)	待测项目	备注

收样人＿＿＿＿＿　　　送样人＿＿＿＿＿　　　采样人＿＿＿＿＿

收样时间 年 月 日　　送样时间 年 月 日　　采样日期 年 月 日

样品编号：农区大气样品编号由类别代号、顺序号组成。

类别代号：用农区环境空气关键字中文拼音的 1～2 个大写字母表示，即"Q"表示农区环境空气样品。

顺序号：用阿拉伯数字表示不同地点采集的样品，样品编号从 Q001 号开始，一个顺序号为一个采样点采集的样品。

对照点和背景点样品，在编号后加"CK"。

样品登记的编号、样品运转的编号均与采集样品的编号一致，以防混淆。

七、样品运输与保存

二氧化硫、氮氧化物样品采集后，迅速将吸收液转移至 10 mL 比色管中，避光、冷藏保存，详细核对编号，检查比色管的编号是否与采样瓶、采样记录上的编号相对应。样品应在当天运回实验室进行测定。氮氧化物吸收液存放时间不能超过 3 d。样品在保存和运输过程中，谨防洒、漏与混淆。

采集 TSP 和氟化物的滤膜，每张（氟化物两张）装在一个小纸袋或塑料袋中，然后装入密封盒中保存。勿折、勿揉搓。运回实验室后，放在空干燥器中保存。

样品送交实验室时应进行交接验收，交、接人均应签字。如发现有编号错乱、标签缺损，字迹不清、数量不对等，要报告有关负责人，及时采取补救措施。采样记录应与样品一并交实验室统一管理。

思考题

1. 什么是环境监测？广义的环境监测指什么？
2. 按监测目的分环境监测有哪几类？
3. 按照监测介质或对象环境分监测可分为哪几类？
4. 农田土壤监测采样前现场调查与资料收集包括哪些事项？
5. 农田土壤监测采样前需要准备哪些必需物品？
6. 简述农田土壤监测采样的原则。
7. 简述农田水样采集对样品容器的要求。
8. 简述农田水样采集方法。
9. 简述农田水样特殊监测项目的采样要求。
10. 简述农区环境空气采样质控样品采集要求。
11. 农区环境空气采样的样品如何编号？
12. 农区环境空气采样的样品运输和保存需要注意哪些事项？

第四章　农产品安全生产

农产品安全生产过程的监管是农产品安全的保障。农村环境保护工初级工应能完成农产品安全生产核查、安全生产记录和进行安全生产指导，在核查和记录过程中对农产品产地信息进行记录，并了解我国对投入品使用要求，特别是农药等投入品是否属于禁用名录中。本章主要介绍了农产品安全生产核查、生产记录和安全生产指导过程中的要求及相关知识。

第一节　安全生产核查

一、产地信息记录

主要针对种植业，农作物播种前后，调查产地土壤及水体质量，记录产地地理位置、行政区划所属地、当地社会及经济情况、自然资源条件、周围污染源状况等。记录作物生产过程中农药、化肥施用及废弃物（秸秆、畜禽粪便、废水及加工废弃物）等生产性污染源对产地、农产品及周围环境的直接、间接影响。农产品产地的基本信息、土壤质量信息和水质信息的调查表详见表 4-1 至表 4-3。

表 4-1　农产品产地基本信息调查表

地块所在地　　　省　　　市　　　县　　　乡（镇）　　　村　　　填报时间　　　年　　　月　　　日

产地类型	农产品品类	产地规模（hm²）	水源	污染源	农药用量（t/年）	化肥用量（t/年）	兽药用量（t/年）	饲料来源	废弃物产生量（t/年）

填表人：　　　　　　　　　　　　　联系方式（手机/电话）

注：产地类型指何种农产品产地

表 4-2 农产品产地土壤质量信息表

地块所在地 省 市 县 乡（镇） 村 填报时间 年 月 日

土壤类型	土壤质地	土壤有机质（g/kg）	阳离子交换量（mmol/kg）	pH	碱解氮（mg/kg）	速效磷（mg/kg）	速效钾（mg/kg）	重金属（mg/kg）							
								As	Cd	Cr	Hg	Pb	Zn	Cu	Ni

填表人： 联系方式（手机/电话）

表 4-3 农产品产地水质信息表

地块所在地 省 市 县 乡（镇） 村 填报时间 年 月 日

水源	pH	全盐量（mg/L）	氯化物（mg/L）	硫化物（mg/L）	总Hg（mg/L）	Cr（六价）（mg/L）	总As	Cd（mg/L）	Pb（mg/L）	粪大肠杆菌（每100 mL，个）	蛔虫卵数（个/L）

填表人： 联系方式（手机/电话）

畜禽养殖业、水产养殖业主要调查水质及污染情况。

土壤质量包括土壤类型及质地，土壤有机质、阳离子交换量 pH，土壤氮、磷、钾等大量元素含量，土壤重金属种类及含量等。

水体质量包括 pH、BOD_5 浓度、高锰酸钾指数、总氮浓度、总磷浓度、硫化物、氨氮、硝酸盐含量等，具体参考《农田灌溉水质标准》（GB 5084—2005）。

产地地理位置包括生产地块图件、分布位置、村镇、居民点、工业企业分布、道路、河流、灌溉井位等。

社会、经济情况主要包括土地面积、人口、经济结构、生产体制、发展规划、管理水平及技术水平等。附近企业的性质、规模及产品种类、产值等。

自然资源条件主要包括地形地貌、土壤质地、水文、气象、植被、森林覆盖率、水土流失等情况。

污染源状况主要包括主风向、次主风方向及水源上游 10 km 范围内是否有污染源，其他方向或下游 5 km 内是否有污染源，污染源种类、性质、污染物量等。

二、投入品使用要求

1. 农药 禁止使用的高毒高残留农药：六六六，滴滴涕，毒杀芬，二溴氯丙烷，杀虫脒，二溴乙烷，除草醚，艾氏剂，狄氏剂，汞制剂，砷、铅类，敌枯双，氟乙酰胺，甘氟，毒鼠强，氟乙酸钠，毒鼠硅，甲胺磷，甲基对硫磷，对硫磷，久效磷，磷胺。

在蔬菜、果树、茶叶、中草药材上不得使用和限制使用的农药：禁止氧乐果在甘蓝上使用；禁止三氯杀螨醇和氰戊菊酯在茶树上使用；禁止丁酰肼（比久）在花生上使用；禁止特丁硫磷在甘蔗上使用；禁止甲拌磷，甲基异柳磷，特丁硫磷，甲基硫环磷，治螟磷，内吸磷，克百威，涕灭威，灭线磷，硫环磷，蝇毒磷，地虫硫磷，氯唑磷，苯线磷在蔬菜、果树、茶叶、中草药材上使用。

鉴于氟虫腈对甲壳类水生生物和蜜蜂具有高风险，在水和土壤中降解慢，按照《农药管理条例》的规定，除卫生用、玉米等部分旱田种子包衣剂外，在我国境内停止销售和使用用于其他方面的含氟虫腈成分的农药制剂。禁用农药名录见表4-4至表4-6。

表4-4　农作物禁用、限用农药名录

禁止使用农药	限制使用农药	
	中文名称	禁止使用范围
1. 甲胺磷、甲基对硫磷、对硫磷、久效磷、磷胺、六六六、滴滴涕、毒杀芬、二溴氯丙烷、杀虫脒、二溴乙烷、除草醚、艾氏剂、狄氏剂、汞制剂、砷类、铅类、敌枯双、氟乙酰胺、甘氟、毒鼠强、氟乙酸钠、毒鼠硅、苯线磷、地虫硫磷、甲基硫环磷、磷化钙、磷化镁、磷化锌、硫线磷、蝇毒磷、治螟磷、特丁硫磷、氯磺隆、福美胂、福美甲胂、氯丹、灭蚁灵、六氯苯等39种 2. 胺苯磺隆、甲磺隆：单剂产品自2015年12月31日起禁止使用，复配制剂产品自2017年7月1日起禁止使用 3. 百草枯水剂：自2016年7月1日起禁止使用	甲拌磷、甲基异柳磷、内吸磷、克百威、涕灭威、灭线磷、硫环磷、氯唑磷、水胺硫磷、灭多威、氧乐果、硫丹、杀扑磷	禁止在蔬菜、果树、茶树、中草药材上使用，禁止用于防治卫生害虫
	溴甲烷	禁止在草莓、黄瓜上使用
	三氯杀螨醇、氰戊菊酯	禁止在茶树上使用
	丁酰肼（比久）	禁止在花生上使用
	氟虫腈	除卫生用、玉米等部分旱田种子包衣剂以外，禁止在其他方面的使用
	毒死蜱、三唑磷	自2016年12月31日起，禁止在蔬菜上使用
	溴甲烷、氯化苦	自2015年10月1日起，只能用于土壤熏蒸
	三氯杀螨醇	自2015年10月1日起，只能用于土壤熏蒸
	氟苯虫酰胺	自2018年10月1日起，禁止在水稻上使用
	克百威、甲拌磷、甲基异柳磷	自2018年10月1日起，禁止在甘蔗作物上使用

表4-5 食品动物饲料和饮用水中禁用的药物名录

品 类	名 称
一、肾上腺素受体激动剂	1. 盐酸克仑特罗 (clenbuterol hydrochloride)
	2. 沙丁胺醇 (salbutamol)
	3. 硫酸沙丁胺醇 (salbutamol sulfate)
	4. 莱克多巴胺 (ractopamine)
	5. 盐酸多巴胺 (dopamine hydrochloride)
	6. 西马特罗 (cimaterol)
	7. 硫酸特布他林 (terbutaline sulfate)
二、性激素	8. 己烯雌酚 (diethylstibestrol)
	9. 雌二醇 (estradiol)
	10. 戊酸雌二醇 (estradiolValerate)
	11. 苯甲酸雌二醇 (estradiolBenzoate)
	12. 氯烯雌醚 (chlorotrianisene)
	13. 炔诺醇 (ethinylestradiol)
	14. 炔诺醚 (quinestrol)
	15. 醋酸氯地孕酮 (chlormadinone acetate)
	16. 左炔诺孕酮 (levonorgestrel)
	17. 炔诺酮 (norethisterone)
	18. 绒毛膜促性腺激素 (绒促性素) (chorionic gonadotrophin)
	19. 促卵泡生长激素 (尿促性素主要含卵泡成熟素 FSH 和黄体生成素 LH) (menotropins)
三、蛋白同化激素	20. 碘化酪蛋白 (Iodinated casein)
	21. 苯丙酸诺龙及苯丙酸诺龙注射液 (nandrolone phenylpropionate)
四、精神药品	22. (盐酸) 氯丙嗪 (chlorpromazine hydrochloride)
	23. 盐酸异丙嗪 (promethazine hydrochloride)
	24. 安定 (地西泮) (diazepam)
	25. 苯巴比妥 (phenobarbital)
	26. 苯巴比妥钠 (phenobarbital sodium)
	27. 巴比妥 (barbital)
	28. 异戊巴比妥 (amobarbital)
	29. 异戊巴比妥钠 (amobarbital sodium)

（续）

品　类	名　称
四、精神药品	30. 利血平（reserpine）
	31. 艾司唑仑（estazolam）
	32. 甲丙氨酯（meprobamate）
	33. 咪达唑仑（midazolam）
	34. 硝西泮（nitrazepam）
	35. 奥沙西泮（oxazepam）
	36. 匹莫林（pemoline）
	37. 三唑仑（triazolam）
	38. 唑吡坦（zolpidem）
	39. 其他国家管制的精神药品
五、各种抗生素滤渣	40. 抗生素滤渣：该类物质是抗生素类产品生产过程中产生的工业三废，因含有微量抗生素成分，在饲料和饲养过程中使用后对动物有一定的促生长作用。但对养殖业的危害很大：一是容易引起耐药性；二是由于未做安全性试验，存在各种安全隐患

表 4-6　食品动物禁用的兽药及其他化合物名录

序号	兽药及其他化合物名称
1	β-兴奋剂类：克仑特罗 clenbuterol、沙丁胺醇 salbutamol、西马特罗 cimaterol 及其盐、酯及制剂
2	性激素类：己烯雌酚 diethylstilbestrol 及其盐、酯及制剂
3	具有雌激素样作用的物质：玉米赤霉醇 zeranol、去甲雄三烯醇酮 trenbolone、醋酸甲孕酮 mengestrol，acetate 及制剂
4	氯霉素 chloramphenicol 及其盐、酯（包括琥珀氯霉素 chloramphenicol succinate）及制剂
5	氨苯砜 dapsone 及制剂
6	硝基呋喃类：呋喃唑酮 furazolidone、呋喃它酮 furaltadone、呋喃苯烯酸钠 nifurstyrenate sodium 及制剂
7	硝基化合物：硝基酚钠 sodium nitrophenolate、硝呋烯腙 nitrovin 及制剂
8	催眠、镇静类：安眠酮 methaqualone 及制剂
9	林丹（丙体六六六）lindane
10	毒杀芬（氯化烯）camahechlor
11	呋喃丹（克百威）carbofuran
12	杀虫脒（克死螨）chlordimeform
13	双甲脒 amitraz

（续）

序号	兽药及其他化合物名称
14	酒石酸锑钾 antimony potassium tartrate
15	锥虫胂胺 tryparsamide
16	孔雀石绿 malachitegreen
17	五氯酚酸钠 pentachlorophenol sodium
18	各种汞制剂包括：氯化亚汞（甘汞）calomel、硝酸亚汞 mercurous nitrate、醋酸汞 mercurous acetate、吡啶基醋酸汞 pyridyl mercurous acetate
19	性激素类：甲基睾丸酮 methyltestosterone、丙酸睾酮 testosterone propionate、苯丙酸诺龙 nandrolone phenylpropionate、苯甲酸雌二醇 estradiol benzoate 及其盐、酯及制剂
20	催眠、镇静类：氯丙嗪 chlorpromazine、地西泮（安定）diazepam 及其盐、酯及制剂
21	硝基咪唑类：甲硝唑 metronidazole、地美硝唑 dimetronidazole 及其盐、酯及制剂

2. 添加剂 畜禽养殖合理使用饲料添加剂，严格按照农业农村部 2018 年 7 月 1 日颁布实施的《饲料添加剂安全使用规范》中的相关要求。饲料使用饲料添加剂产品时，应严格遵守"在配合饲料或全混合日粮中的最高限量"规定，不超量使用饲料添加剂；在实现满足动物营养需要、改善饲料品质等预期目标的前提下，采取措施减少饲料添加剂的用量。饲料企业和养殖者使用《饲料添加剂品种目录》中铁、铜、锌、锰、碘、钴、硒、铬等微量元素饲料添加剂时，含同种元素的饲料添加剂使用总量应遵守《饲料添加剂安全使用规范》中相应元素"在配合饲料或全混合日粮中的最高限量"规定。仔猪（≤25 kg）配合饲料中锌元素的最高限量为 110 mg/kg，但在仔猪断奶后前两周特定阶段，允许在此基础上使用氧化锌或碱式氯化锌至 1 600 mg/kg（以锌元素计）。仔猪断奶后前两周特定阶段配合饲料产品时，如在含锌 110 mg/kg 基础上使用氧化锌或碱式氯化锌，应在标签显著位置标明"本品仅限仔猪断奶后前两周使用"，未标明但实际含量超过 110 mg/kg 或者已标明但实际含量超过 1 600 mg/kg 的，按照超量使用饲料添加剂处理。使用非蛋白氮类饲料添加剂，除应遵守《饲料添加剂安全使用规范》对单一品种的最高限量规定外，全混合日粮中所有非蛋白氮总量折算成粗蛋白质当量不得超过日粮粗蛋白质总量的 30%。"配合饲料或全混合日粮中的推荐添加量""配合饲料或全混合日粮中的最高限量"均以干物质含量 88% 为基础计算，最高限量均包含饲料原料本底值。禁用兽药及添加剂名录见表 4-5、表 4-6。

3. 包装材料 对农产品实施装箱、装盒、装袋、包裹、捆扎等，使用的材料和保鲜剂、防腐剂、添加剂等物质符合国家强制性技术规范要求，能够防止机械损伤和不造成二次污染。其中，保鲜剂是指保持农产品新鲜品质，减少流通损失，延长储存时间的人工合成化学物质或者天然物质。防腐剂是指防止农产品腐烂变质的人工合成化学物质或者天然物质。添加剂是指为改善农产品品质和色、香、味以及加工性能加入的人工合成化学物质或者天然物质。禁用包装材料名录见表 4-7。

表4-7 包装材料中禁止使用的物质名单

序号	名 称	检测方法
1	吊白块	《小麦粉与大米粉及其制品中甲醛次硫酸氢钠含量的测定》（GB/T 21126—2007）；卫生部《关于印发面粉、油脂中过氧化苯甲酰测定等检验方法的通知》（卫监发〔2001〕159号）附件2食品中甲醛次硫酸氢钠的测定方法
2	苏丹红	《食品中苏丹红染料的检测方法 高效液相色谱法》（GB/T 19681—2005）
3	王金黄、块黄	无
4	蛋白精、三聚氰胺	《原料乳与乳制品中三聚氰胺检测方法》（GB/T 22388—2008）《原料乳中三聚氰胺快速检测 液相色谱法》（GB/T 22400—2008）
5	硼酸与硼砂	无
6	硫氰酸钠	无
7	玫瑰红B	无
8	美术绿	无
9	碱性嫩黄	无
10	工业用甲醛	《水产品中甲醛的测定》（SC/T 3025—2006）
11	工业用火碱	无
12	一氧化碳	无
13	硫化钠	无
14	工业硫黄	无
15	工业染料	无
16	罂粟壳	参照上海市食品药品检验所自建方法
17	革皮水解物	乳与乳制品中动物水解蛋白鉴定-L（-）-羟脯氨酸含量测定（检测方法由中国检验检疫科学院食品安全所提供）。该方法仅适应于生鲜乳、纯牛奶、奶粉
18	溴酸钾	《小麦粉中溴酸盐的测定 离子色谱法》（GB/T 20188—2006）
19	β-内酰胺酶（金玉兰酶制剂）	液相色谱法（检测方法由中国检验检疫科学院食品安全所提供）
20	富马酸二甲酯	气相色谱法（检测方法由中国疾病预防控制中心营养与食品安全所提供）
21	废弃食用油脂	无
22	工业用矿物油	无
23	工业明胶	无
24	工业酒精	无
25	敌敌畏	《食品中有机磷农药残留的测定》（GB/T 5009.20—2003）
26	毛发水	无
27	工业用乙酸	《食醋卫生标准的分析方法》（GB/T 5009.41—2003）

（续）

序号	名 称	检测方法
28	肾上腺素受体激动剂类药物（盐酸克仑特罗、莱克多巴胺等）	《动物源性食品中多种β-受体激动剂残留量的测定 液相色谱串联质谱法》（GB/T 22286—2008）
29	硝基呋喃类药物	《动物源性食品中硝基呋喃类药物代谢物残留量检测方法 高效液相色谱-串联质谱法》（GB/T 21311—2007）
30	玉米赤霉醇	《动物源食品中玉米赤霉醇、β-玉米赤霉醇、α-玉米赤霉烯醇、β-玉米赤霉烯醇、玉米赤霉酮和赤霉烯酮残留量检测方法 液相色谱-质谱/质谱法》（GB/T 21982—2008）
31	抗生素残渣	无，需要研制动物性食品中测定万古霉素的液相色谱-串联质谱法
32	镇静剂	参考《猪肾和肌肉组织中乙酰丙嗪、氯丙嗪、氟哌啶醇、丙酰二甲氨基丙吩噻嗪、甲苯噻嗪、阿扎隆、阿扎哌醇、咔唑心安残留量的测定 液相色谱-串联质谱法》（GB/T 20763—2006），需要研制动物性食品中测定安定的液相色谱-串联质谱法
33	荧光增白物质	蘑菇样品可通过照射进行定性检测，面粉样品无检测方法
34	工业氯化镁	无
35	磷化铝	无
36	馅料原料漂白剂	无，需要研制馅料原料中二氧化硫脲的测定方法
37	酸性橙Ⅱ	无，需要研制食品中酸性橙Ⅱ的测定方法。参照江苏省疾控中心创建的《鲍汁中酸性橙Ⅱ的高效液相色谱-串联质谱法》 （说明：水洗方法可作为补充，如果褪色，可怀疑是违法添加了色素）
38	氯霉素	《动物源性食品中氯霉素类药物残留量测定》（GB/T 22338—2008）
39	喹诺酮类	无，需要研制麻辣烫类食品中喹诺酮类抗生素的测定方法
40	水玻璃	无
41	孔雀石绿	《水产品中孔雀石绿和结晶紫残留量的测定 高效液相色谱荧光检测法》（GB 20361—2006）（建议研制水产品中孔雀石绿和结晶紫残留量测定的液相色谱-串联质谱法）
42	乌洛托品	无，需要研制食品中六亚甲基四胺的测定方法
43	五氯酚钠	《水产品中五氯苯酚及其钠盐残留量的测定 气相色谱法》（SC/T 3030—2006）
44	喹乙醇	《水产品中喹乙醇代谢物残留量的测定 高效液相色谱法》（农业部1077号公告—5—2008）；《水产品中喹乙醇残留量的测定 液相色谱法》（SC/T 3019—2004）
45	碱性黄	无
46	磺胺二甲嘧啶	《畜禽肉中十六种磺胺类药物残留量的测定 液相色谱-串联质谱法》（GB 20759—2006）
47	敌百虫	《食品中有机磷农药残留量的测定》（GB/T 5009.20—2003）

(续)

序号	名 称	检测方法
48	着色剂（胭脂红、柠檬黄、诱惑红、日落黄）等	《食品中合成着色剂的测定》（GB/T 5009.35—2003）《食品中诱惑红的测定》（GB/T 5009.141—2003）
49	着色剂、防腐剂、酸度调节剂（己二酸等）	无
50	着色剂、防腐剂、甜味剂（糖精钠、甜蜜素等）	无
51	乳化剂（蔗糖脂肪酸酯等、乙酰化单甘油脂肪酸酯等）、防腐剂、着色剂、甜味剂	无
52	面粉处理剂	无
53	膨松剂（硫酸铝钾、硫酸铝铵等）、水分保持剂磷酸盐类（磷酸钙、焦磷酸二氢二钠等）、增稠剂（黄原胶、黄蜀葵胶等）、甜味剂（糖精钠、甜蜜素等）	《面制食品中铝的测定》（GB/T 5009.182—2003）
54	漂白剂（硫黄）	无
55	膨松剂（硫酸铝钾、硫酸铝铵）	无
56	护色剂（硝酸盐、亚硝酸盐）	《食品中亚硝酸盐、硝酸盐的测定》（GB/T 5009.33—2003）
57	二氧化钛、硫酸铝钾	无
58	滑石粉	《食品中滑石粉的测定》（GB 21913—2008）
59	硫酸亚铁	无
60	山梨酸	《乳与乳制品中苯甲酸和山梨酸的测定方法》（GB/T 21703—2008）
61	纳他霉素	参照《食品中纳他霉素的测定方法》（GB/T 21915—2008）
62	硫酸铜	无
63	甜蜜素	无
64	安赛蜜	无
65	硫酸铝钾、硫酸铝铵	无
66	胭脂红	《食品中合成着色剂的测定》（GB/T 5009.35—2003）
67	柠檬黄	《食品中合成着色剂的测定》（GB/T 5009.35—2003）
68	焦亚硫酸钠	《食品中亚硫酸盐的测定》（GB 5009.34—2003）
69	亚硫酸钠	《食品中亚硫酸盐的测定》（GB/T 5009.34—2003）

三、农产品质量检验

对农产品质量进行抽样检验，抽样地点一般为生产基地、农贸市场、批发市场、超市。抽样人员至少2人，携带身份证、工作证、单位介绍信、抽样单等材料。保持抽样工具清洁、干燥、无污染、不会对检验结果造成影响，农产品抽样单样稿详见表4-8。

表4-8 农产品抽样单样稿

本栏由抽样及被检验单位填写	产品名称			样品编号	
	生产执行标准			包装形式	
	收获（出栏）日期			年 月 日	
	保存要求		常温○ 冷冻○ 冷藏○		
	抽样单位	单位名称	×××农业局（加盖公章）		
		通讯地址		电话	
		邮政编码		传真	
		抽样日期		抽样地点	
		抽样方法	随机	采样部位	
		样品数量		抽样基数	
	被抽样单位	单位名称		电话	
		通讯地址			
		邮政编码		传真	
受检单位签署	本次抽样始终在本人陪同下完成，上述记录核实无误，承认以上各项记录的合法性。 负责人（签字）_____ 年 月 日		抽样单位签署	本次抽样已按要求及产品执行标准抽样完毕，样品经双方人员共同封样，并做记录如上。 抽样人1（签字）_____ 抽样人2（签字）_____ 年 月 日	
检测机构填写	受理/收样人		抽样/送样人		
	收样日期		送样日期		
	样品交接时的状况				

参照无公害农产品抽样方法进行抽样。蔬菜抽样按照附录1的方法执行，粮油抽样按照附录2的方法执行，水果抽样按照附录3的方法进行，茶叶抽样按照附录4的方法执行，畜禽产品抽样按照附录5的方法执行，水产品抽样按照附录6的方法执行。

清晰记录抽样过程，抽样单一式三份，由抽样人员与被抽样单位共同填写，一份交给被抽样单位，另一份随同样品由抽样人员带回检测单位。

抽检的样品及时封存，抽样人员与被抽样单位共同确认抽样的代表性、真实性和有效性。抽样分别封存，粘贴封条，抽样人员与被抽样单位分别在封条上签字盖章。样品封存材料应清洁、干燥，且不会造成样品污染和损伤，容器应完整、具有一定的抗挤压性。

抽样完成后，样品按照规定时间及时送达检测实验室，运输工具要求清洁卫生、无污染、不混装有毒有害物品，防止运输过程中的污染和损失。

第二节 安全生产记录

生产单位（企业、合作社、家庭农场）建立完善的农产品生产记录档案，做好农药、肥料等农业投入品的购进、使用情况及农产品采收、销售情况的记录，实现农产品质量安全全程可追溯。记录农产品质量控制措施是否造成产地污染或者致产地环境达不到标准要求。建立健全投入品安全使用记录制度。实行投入品统一采购、统一保管、统一供应、统一使用的管理模式，并做好相应记录。记录投入品遵循的国家标准、合法登记农产品品种相适应的信息，保存相关票据。记录投入品存放场所与管理防止变质措施。规范采收、安全储运及防止二次污染的记录。

由单位生产管理员负责记录基地的生产状况、生产作业及质量控制等，记录统一生产资料（病虫害防治药物除外）采购和库存情况，记录生产技术实施和设施运行情况等，记录表样稿见表4-9至表4-15。

表4-9 生产资料购买记录

填表人： 联系电话：

日期	产品名称	主要成分	数量	产品批号/登记号	生产单位	经营单位	票据号

表4-10 田间农事操作记录

填表人： 联系电话：

日期	田块编号	作物名称（标明品种）	作业面积	作业内容	天气状况	作业人员	备注

表4-11 养殖场（畜禽/水产）农事操作记录

填表人：   联系电话：

日期	圈舍/池塘编号	动物名称（标明品种）	作业量	作业内容	天气状况	作业人员	备注

表4-12 动物免疫记录

填表人：   联系电话：

日期	圈舍/池塘号	存栏数/放养量	免疫数	疫苗名称	疫苗生产厂	疫苗批号（有效期）	免疫方法	免疫剂量	免疫人员	备注

表4-13 动物生产记录

填表人：   联系电话：

日期	圈舍/池塘号	出生	调入	调出	死淘	存栏数/放养量	免疫方法	免疫剂量	免疫人员	备注

表4-14 农产品质量检测记录

填表人：   联系电话：

日期	编号或批号	产品名称	检测方法	检测结果	检测单位	检测人员	备注

表4-15 产品销售记录

填表人： 联系电话：

日期	产地/圈舍/池塘	编号或批号	产品名称	数量	销售去向	经手人	备注

一、生产基地肥料使用记录

1. 肥料的采购管理 采购负责人根据基地场长制订的采购清单，采购符合规定要求的肥料，所有基地使用的商品肥料需在合作社备案可查，且要通过相关客户审核备案；备案肥料要求必须符合国家的相关要求，具有有效的"三证"一产品（临时）登记证号（国家规定的免于登记的产品除外）、产品执行标准号和生产批准号（国家规定的免于生产批准的产品除外）。

产品包装标识至少应包含以下内容：产品名称、产品执行标准号、有效成分名称和含量、净含量、生产者名称和地址、生产日期、必要的警示和储存要求。

2. 肥料的出入库管理 肥料入库前须进行检验，要确保肥料质量和数量，经检验合格后方可入库；仓库保管员做好肥料出入库登记手续，对每种肥料设立购、领、存货统计工作，及时反映肥料增减变化的情况，做到账、物、卡三相符。

3. 肥料的储存管理 基地建立肥料产品存放库，库房应达到有防雨防晒、干燥洁净、相对独立、存取方便的基本条件，确保肥料的品质不会受到影响；肥料库有专门的人员管理，并制定相关的管理规定和制度；肥料在库内应按说明要求，分品种安全存放，不会存在对农产品或农用水等带来污染的风险。品种相同的要按先进先出的原则进行，做到存取方便，填写好的货物卡放在显眼的位置；肥料存放时期符合规定，每月至少清理肥料库存一次，并做好弃置肥料的有关记录；商品有机肥和其他散装有机肥等需要露天存放的，须在指定地点存放，采取必要的保护隔离措施，避免污染蔬菜。

4. 施肥操作的管理 基地内所有肥料的施用均按照 NY/T 394 执行；生产技术员依据田块土壤养分检测结果和蔬菜生长情况，决定用肥的品种、数量及方法，并按照确定的标准领用肥料；肥料应正确地使用于目的作物，基地技术人员对用量和方法有相应的明确的责任；施肥前对施肥工具、机械须做必要的检查，确保施肥的数量和质量；施肥操作人员须采取必要的防护措施，避免造成人身伤害；技术人员须监督指导肥料的施用过程，密切注意关注环境状况，适时施肥；肥料的施用要均匀、细致，做到"相对平均"的原则，控制操作误差在合理范围之内；施肥完毕，须清理回收肥料包装物，核对剩余肥料；在肥料施用后要检查施肥效果，是否产生肥害，并采取相应的补救措施。

做好肥料施用记录，包括施肥日期、种类、数量、地点、施肥方法、操作负责人等，记录表样稿如表4-16。

表4-16 肥料施用记录表

基地名称： 作物名称： 填表人： 电话：

施用日期	地块编号	地块面积	化肥名称	主要成分	使用数量	施用人	结余数量	预计收获期	备注

二、农药施用记录

(一)正确选购农药

明确防治对象，对症下药，要弄清在农作物上所发生的是什么病虫害，以及发生的严重程度和决定用药的适宜时期。应考虑到有时耕作措施或生物防治方法更为有效。如必须使用农药时，再根据作物、防治对象来确定所需购买的农药。选购高效、安全、低毒的农药。注意鉴别假劣农药。购买农药时，首先注意应从国家规定的允许销售农药的正规部门购买农药，不贪图便宜从非法销售单位或个人那里购买，从农药来源上保证不买假劣农药。同时，注意标签内容要完整，不买没有农药登记证号、产品标准号、许可证或准产证的农药。另外，还要质检部门检验，看有没有超标，是否带残留。

(二)农药的储存与保管

1. 农药必须妥善储存，严格保管，有专人负责，主要要求如下。

(1)保管人员具初中以上文化程度，身体健康，工作认真负责。

(2)经过专业培训，掌握一定的农药基本知识和安全常识。

2. 仓库要有良好的条件

(1)仓库建筑结构不渗漏，易于清洗。

(2)仓库易通风、干燥。

(3)配备消防设备和急救药箱。

3. 农药存放要符合规定要求

(1)存放的农药包装要完好无损，标签要清晰。对包装破损无标签的农药要及时处理。

(2)农药堆放要合理，离开电源，避免阳光直接照射等；堆放要稳固，不宜过高。

(3)不同类别农药，不同包装农药，以及不同生产日期的农药，应分开存放，使之一目了然，以免拿错。

(4)禁止农药与食品、粮食、饲料、种子及其他与农药无关的东西混放在一起。

4. 严格管理

（1）场部建立严格的安全保管制度，农药进仓、储存、取用都要进行农药名称、数量等的记录，记录样稿如表4-17。

表4-17 农药施用记录表

基地名称：　　　　　作物名称：　　　　　填表人：　　　　　电话：

施用日期	地块编号	地块面积	农药名称	主要成分	施用量	稀释倍数	防治对象	施药人	领药人	预计采收期	备注

（2）定期检查、维修仓库设施和防护用具等，使其处于良好状态，发现问题及时处理。

（3）定期清扫农药仓库，保持整洁。

（4）进入农药存放间的人员必须遵循仓库的有关规定，同时注意仓库通风、照明良好。

三、辅助剂施用记录

1. 合理添加辅助剂　明确添加剂、辅助剂、调理剂的作用，弄清主要成分及决定用量和时期。选购安全、无副作用、无二次污染的辅助剂。注意鉴别假劣添加剂、兽药等。购买兽药、添加剂时，首先注意应从国家规定的允许销售农药的正规部门购买。同时，注意标签内容要完整，不买没有登记证号、产品标准号、许可证或准产证的辅剂。另外，还要经过质检部门检验，判断是否引起重金属、抗生素等污染物超标，是否易引起有毒有害物质残留，记录样稿见表4-18。

表4-18 饲料、饲料添加剂和兽药使用记录

基地名称：　　　　　动物名称：　　　　　填表人：　　　　　电话：

开始使用日期	投入品名称		生产厂家	批号/生产日期	主要成分	用量	停止使用时间	使用人	备注
	商品名	通用名							

2. 储存与保管　必须妥善储存，严格保管，有专人负责，保管人员具初中以上文化程度，身体健康，工作认真负责；且经过专业培训，掌握一定的农药基本知识和安全常识；仓库要有良好的条件，仓库建筑结构不渗漏，易于清洗，易通风，干燥，配备消防设备。

3. 使用与管理　建立安全保管制度，辅助剂进仓、储存、取用都要进行名称、数量等的记录（见表 4-18），存放保管人员必须遵循仓库的有关规定，同时注意仓库通风、照明良好。

第三节　安全生产指导

一、合理施肥技术

科学合理地使用肥料可改善土壤肥力，保护良好的自然生态环境。肥料是提供植物养分和改善土壤肥力的物质。它是增加作物产量和改善食物及农产品品质最有效的方法。在自然肥力高或肥力获得改善的土壤上，为了获得作物高产，使用肥料是最有效的。即使是在低肥力土壤上，通过施肥，作物的生产也能大大改善。

施肥是为了补充土壤中自然养分的供应，特别是纠正限制产量的最低因子。某些矿物质和有机物质可直接作肥料使用，但大多数是要经过化学方法以适应植物的需求。最适合于某一特定目的的大量和微量养分肥料的种类取决于所要求的养分吸收速率（如叶面喷施或由土壤快速供应的水溶态或能持续供应的缓慢释放法）；也取决于所需求的养分组合；还决定于促进生长的副作用（如对其他土壤养分的活化）。

（一）肥料用量

肥料用量根据诊断方法来确定，如可根据土壤中有效养分含量划分的等级。植物分析也可找出限制产量的最低因子。通过增施肥料可将它去除。从作物栽培的观点看，肥料用量的上限决定于经济回报的限度。

施肥过量易引起作物肥害、土壤及水体等环境污染。生产中通常通过经验和直观方法诊断作物养分需求状况。

1. 视觉判断法　观察作物叶片颜色深绿差异程度，通过叶形和色泽的变化识别缺素症，与无肥小区比较生长上的差异等。

2. 土壤测试法　检测土壤氮磷钾有效养分含量、微量元素含量、有机质、pH、盐渍度等。

3. 植物检验检测　检测叶片或作物的提取物，根据养分含量作为评估需要量的基础。

4. 在施肥之前，进行基本状况核查

（1）其他农业因素（品种、植物保护、水分等）是否满足，可通过品种特性确定。

（2）土壤肥力的基本需求（pH、有机质、稳定疏松的土壤结构、无坚实层、排水良好、无盐害）状况，可根据土壤检测确定。

（3）土壤哪些养分不必考虑（如很多土壤有充足的钙、铁、钼等），可根据土壤检测确定。

（4）哪些养分不必每年考虑，根据作物必需大量元素结合土壤检测确定。

（5）在播种时，磷、钾肥施用量可根据土壤检验来确定。在磷、钾供应良好的土壤上也可根据作物的移走量来决定。

（6）所需氮肥的种类、数量和时间，可根据预期的产量或土壤检验来确定。

（7）在该土壤上哪些养分会造成特殊的问题（如锰的固定）或某特殊植物品种对哪种养分的需求量大（如油菜需硫多，甜菜和豆科需硼多等），可根据预期的产量或土壤检验来确定。

（二）施肥方式

1. 采用的施肥方式要使所有种植的作物均获得适量的肥料。粒肥撒施和某种程度上溶液喷施。肥料可以施于土壤表面或施入土壤中，也可直接施到叶面上。施肥的方法取决于肥料的种类。

2. 固体水溶性肥料均匀施于土壤表面，结合灌水渗入土壤和作物根层；也可以采用水肥一体化装置进行施肥。

3. 固体不溶性肥料撒于土壤表面，然后用机械与耕层混合。

4. 液态肥料可喷洒在土壤表面，进入土壤，在施用后立即与土壤混合，以防止气态损失。

5. 微量元素肥料可以用水溶解、稀释直接喷在作物叶片上。

6. 气态肥料注入土壤表层，如气态氨注入 10 cm 深度。

7. 体积大的有机肥料和改良剂，尽可能均匀地撒在表层，用耙、圆盘耙、旋耕犁等使之与耕作层混合。

二、农药安全施用技术

（一）农药的配制及防护

农药配制要经过农药制剂取用量的计算、量取、混合均匀等步骤，要达到以下要求。

1. 配药人员必须经过专业培训，掌握必要的技术和熟悉所用农药的性能。

2. 孕妇、哺乳期妇女不能参加配药。

3. 在开启农药包装、称量配制时，操作人员要穿必要的防护服，戴必要的防护用具，尽量避免皮肤与农药接触及吸入粉尘、烟、雾等。

4. 不用瓶盖量取药或用饮水桶配药，不用盛药水的桶直接下鱼塘或沟河取水，不用手或胳膊伸入药液、粉剂或颗粒剂中搅拌。配药时要防止溅洒、散落。

5. 药剂要随配随用，当天配好的药液当天用完。开装后余下的农药封闭在单包装中，不转移到其他包装中，如饮料瓶或食品的包装。

6. 处理粉剂和可湿性粉剂时要小心，防止粉尘飞扬。如果要倒完整袋装的可湿性粉剂，应将口袋开口尽量接近水面，站在上风处，让粉尘和飞扬物随风吹走。

7. 检查药械是否完好。喷雾器中的药液不要装得太满，以免药液溢漏，污染皮肤和防护衣物；施药场所应备有足够的水、清洗剂、急救药箱、修理工具等。

8. 配备的药械一般要求专用，每次用后要洗净，不在河流、井边冲洗，以免污染水源。

9. 少量剩余农药，一时不好处理，分类贴上标签送回仓库。以后如不用，可按废弃农药处理方法统一处理。

10. 使用后废农药瓶必须集中分类存放，交农药供应商回收处理。

（二）安全合理施药及防护

1. 安全合理施药遵守如下原则

（1）按照安全操作规程施药，注意安全防护，避免造成人、畜中毒事故。

（2）达到防治指标时再施药，避免盲目增加施药次数。

（3）按照《农药合理施用原则》施药，严格控制施药次、施药量和安全间隔期，避免农副产品中农药残留超标。

2. 安全合理施药要求如下

（1）施药人员必须经过培训。

（2）不允许未成年人和儿童施用农药或接触农药；要在远离他们的区域进行安全作业。

（3）孕妇、哺乳期妇女不能从事施药作业。

（4）根据施用的农药毒性级别、施药方法和地点，穿戴相应的防护用具。

（5）施用农药时，必须有 2 名以上操作人员，施药人员每天工作不超过 6 h，连续施药不超过 5 d。

（6）施药人员要始终处于上风位置施药。

（7）工作人员施药过程中不准吃东西、饮水和抽烟。不要用嘴去吹堵塞的喷头，应用细签、草秆或水来疏通喷头。

（8）临时在田间存放的农药、浸药种子种苗以及施药器械，必须有人看管，及时处理。

（9）施药人员如有头痛、头昏、恶心、呕吐等症状，应立即离开现场急救治疗。

（10）做好施药记录，包括农药名称、防治对象、施药时间、地点、施药量、施药人员等。

（11）剩余或不用的农药，分类贴上标签，送回库房；已配制好的剩余农药，应在允许的范围内翌日用完，一时不能处理的，保存在农药库房中，待统一按废弃农药处理。施药人员用过的防护衣服和器具，及时清洗干净，要洗净手、脸和暴露的皮肤后方可吃、喝。

3. 农药废弃物的安全处理及防护 处理农药废弃物要遵守国家的有关规定。对于一些变质、失效及淘汰的农药，由国家指定的技术部门确认后销毁。严禁将农药废弃包装物作为它用，不能乱丢，要妥善处理。完好无损的包装物可由销售部门或生产厂统一回收。

4. 作物药害及其预防 作物药害是指由于使用农药不当而引起作物（植物）发生各种病态反应，如引起作物组织损伤、生产受阻、植株变态、减产甚至死亡等一系列非正常生理变化。施药后观察作物反应情况，发现药害及时根据药品包装上提供的减害方法减轻危害，或通过喷施清水淋洗、酸碱反应液等减轻药害。

三、农产品包装基本要求

农产品包装应当符合农产品储藏、运输、销售及保障安全的要求，便于拆卸和搬运。

包装农产品的材料和使用的保鲜剂、防腐剂、添加剂等物质必须符合国家强制性技术规范要求。包装农产品应当防止机械损伤和二次污染。包装销售的农产品，应当在包装物上标注或者附加标识标明品名、产地、生产者或者销售者名称、生产日期。有分级标准或者使用添加剂的，还应当标明产品质量等级或者添加剂名称。未包装的农产品，应当采取附加标签、标识牌、标识带、说明书等形式标明农产品的品名、生产地、生产者或者销售者名称等内容。

销售获得无公害农产品、绿色食品、有机农产品等质量标识使用权的农产品，应当标注相应标识和发证机构。禁止冒用无公害农产品、绿色食品、有机农产品等质量标识。畜禽及其产品、属于农业转基因生物的农产品，还应当按照有关规定进行标识。

思考题

1. 在农产品安全生产核查时，产地信息应记录哪些事项？

2. 抗生素滤渣建议在食品动物饲料和饮用水中使用吗？如果使用，有什么危害？

3. 农产品质量检验过程中抽样应注意什么？

4. 为实现农产品质量安全全程可追溯，安全生产记录应记录哪些事项？

5. 安全生产记录中，化肥农药的施用记录包括哪些信息？

6. 饲料、饲料添加剂和兽药使用与管理应注意什么？

7. 安全生产指导中，你了解的施肥方式有哪些？

8. 安全生产指导中，安全合理施药应遵守的原则是什么？

9. 有关农产品保鲜剂、防腐剂、添加剂强制性技术规范指的是什么？

10. 目前，在果蔬采摘后保鲜过程中，造成保鲜剂、防腐剂应用量主要超标的原因是什么？

第五章 农业野生植物资源保护

农业野生植物是人类赖以生存和发展的重要物质基础，是进行遗传育种和生物技术研究的基础种质和生物多样性的重要组成部分，是国家农业可持续发展的战略性资源。保护农业野生植物，抢救性保存濒危的农业野生植物资源，对调整农业结构，提高和改善农产品产量、质量，改善生态环境，解决资源短缺，保障国家粮食安全和生态安全具有极为重要的意义。农村环境保护工初级工应能够完成农业野生植物种类记录、防护设施构建、监测设备使用，并能对农业野生植物资源进行原生境保护。本章介绍了在农业野生植物资源保护野外调查和监测时的要求，以及野外原生境保护时的要求和相关知识。

第一节 概 论

一、概念及分类

农业野生植物是指所有与农业生产有关的栽培植物的野生种和半野生种。我国的农业野生植物有1万种以上。根据用途可分为以下4类。

(1) 食用植物。包括粮食、油料、糖类、蔬菜、果树、饮料、饲料和牧草类植物。

(2) 药用植物。包括中药材、兽用药植物、土农药植物。

(3) 特用植物。包括纤维植物、橡胶植物、树胶植物、芳香油植物、鞣质植物、色素植物、寄主植物、编织植物和昆虫胶植物等。

(4) 环保植物。包括观赏植物、固沙防污和固氮植物等。

二、我国农业野生植物资源状况

我国幅员辽阔，地跨热带、亚热带、暖温带、温带、寒温带等多种气候带。有山地、高原、丘陵、平原等多种地形地貌，为各种生物及生态系统类型的形成与发展提供了优越的自然环境，形成了丰富的野生植物区系，蕴藏了大量的可利用农业野生植物资源，是世界上野生植物最多、生物多样性最为丰富的国家之一。我国约有高等植物30 000多种，仅次于世界植物最丰富的马来西亚和巴西，居世界第三位，占世界高等植物总数量的1/10。悠久的农业栽培历史，长期的自然选择和人工汰选，使我国具有了世界上最具特色的生物多样性，是许多农业栽培物种的起源地与分布中心。许多粮油、糖类、蔬菜、果树等栽培作物起源于我国，如大豆、稻、高粱、茶叶、荞麦、甘蔗等，蔬菜中的白菜、韭菜、姜、蒜等，果树中的桃、李、杏、枣、板栗等，目前仍然是我国食物的主要来源。这些作物种类为我国的农业经济发展做出了重大贡献。

三、我国农业野生植物资源破坏及流失状况

我国是世界上野生植物资源最丰富的国家之一，但是由于对农业野生植物资源缺乏系统而有效地保护和合理利用，一些有重要经济、科研和生态价值的农业野生植物急剧减少或已经消失，大批农业野生植物资源纷纷流向境外，对国家经济和资源安全构成严重威胁。

1. 农业野生植物资源急剧减少，严重威胁生物多样性 由于历史、文化、传统、经济等方面的原因，社会各界普遍对保护野生植物的重要性认识不足，长期大面积掠夺式开发经营，乱采滥挖、乱砍滥伐和国内国际非法野生植物贸易现象严重，致使大量的野生植物资源遭到不同程度的破坏，部分珍惜野生植物资源濒临灭绝甚至已经消亡，野生植物总体数量急剧减少。随着国民经济的发展，目前，我国已经成为濒危物种分布大国，列入《濒危野生动植物种国际贸易公约》中原产于我国的濒危植物有 1 300 种以上，列入《国家重点保护野生植物名录》的濒危植物有 1 700 种左右。

2. 农业野生植物资源原生境保护不力，破坏加剧 由于我国农业现代化发展和人口迅速增加，城市污水和垃圾排放量日益增加，大量使用化肥和农药、污灌和农田施用污泥及同体废物以及盲目开垦等，加剧了农业活动对生态系统的影响，一些农作物野生植物和珍稀物种已消失或急剧减少，尤其有重要经济、科研和生态价值的农业野生植物急剧减少和消失。据调查，由于其原生境上游被开垦成鱼塘，附近造纸厂排污、垃圾堆放，造成其分布面积逐年下降，野生稻原有分布点中的六七成现已消失或大面积萎缩。一些地区的桑、茶、果树和药用植物也遭乱砍滥伐。如用作关节炎药物的雷公藤几乎被砍光。

3. 农业野生植物资源境外流失，严重威胁国家资源和经济安全 世界各国都认识到野生植物资源在国际农业贸易竞争中的战略地位，发达国家及其跨国公司凭借雄厚的经济和科技实力，采取各种手段大肆掠夺发展中国家的农业野生植物资源。20 世纪六七十年代，美国曾一度因大豆胞囊线虫病的大范围蔓延，大豆产业损失惨重。自从由我国提供的认为没有利用价值的大豆种质资源中，鉴定出抗大豆胞囊线虫的基因并育成抗病品种以后，不仅有效地控制了病害，而且产量大幅度提高，取代了长期以来我国大豆生产和出口大国的地位。近年来，美国又从我国的野生大豆资源中鉴定出带高产基因的标记，并且在全球 101 个国家申请专利，险些形成中国人"种中国豆，侵美国权"的局面。据美国国家遗传资源信息网公布的信息，截至 2002 年 6 月 30 日，美国从中国引进的农业基因资源已达 932 个物种，20 140 份。其中，仅大豆就达 6 452 份，与我国有关审批部门的记录相比较，约 70%是通过非正常途径流入美国的。

第二节　农业野生植物资源调查与监测

一、野外调查

1. 调查季节 为了正确识别、鉴定植物种类，拍摄到比较完整的植物特征照片，调

查宜安排在目的物种的花期、果期或色叶期等鉴别特征最显著的时期进行。

2. 踏查 对目的物种的每一个分布点进行踏查访问，根据踏查结果确定目的物种所处生境或植物群落，核实分布范围，进行调查区划，研究确定具体的调查方法。

3. 实地调查 按照目的物种的具体情况，进行种群数量和群落（生境）调查，填写调查表格，拍摄照片和标本采集等。

二、野生资源调查方法

（一）实测法

1. 适用范围 适用于分布区域狭窄，分布面积小，种群数量稀少而便于直接计数的目的物种。另外，经过多次调查，积累了较完整的资料，其分布地点、范围和资源都较清楚，便于复核的目的物种，也适用本方法调查。

2. 调查过程

（1）准备工作。在全面收集以往调查资料的基础上，对原有记载的资料进行分类整理，将目的物种分布点标记在地形图上。

（2）实地调查。深入实地，通过全查（直接计数）进一步调查核实目的物种的分布面积、种群数量及生境的变化情况，补充以往的调查资料。

3. 调查内容

（1）定位。采用GPS定位仪定位，以获取每一目的物种所处的地理坐标。精确读取到秒，写作 E ×××°××′××″，N ××°××′××″。

（2）生境调查。按要求逐项调查目的物种所处生境类型；植物群落（生境）的名称、种类组成、郁闭度或盖度；地貌、海拔、坡度、坡向、坡位、土壤类型；人为干扰方式与程度等；保护状况；记载目的物种所处植物群落概况表。

（3）目的物种调查。调查记载目的物种的分布格局、株数、树高、胸径、健康等级及幼树数量，其中胸径≥5 cm的乔木、小乔木树种要求每木检尺，灌木树种及草本以丛或株为单位调查记载；填写目的物种记录表。

（4）分布面积。在调查图上勾绘分布区并求算面积。

（二）典型抽样法

1. 基本要求

（1）在同一分布区或调查区内，根据目的物种所处不同的植物群落或生境、种群密度，选取有代表性的地段设置样方（样圆）、样带进行调查。

（2）样方大小、样圆半径、样带宽度可依据生境类型、地形地貌特征、目的物种种类及特性等确定。但目的物种同一群落或生境类型的调查，应使用相同类型的调查样地，样方大小、样圆半径、样带宽度应一致。

（3）样带宽度的设置应使调查人员能清楚观察到两侧的目的物种及生境状况；样线（样带）长度应使调查人员当天能够完成一条样线（样带）调查。

（4）在不小于1/50 000的地形图上布设调查样地。

（5）调查精度要求在85%以上。

（6）应充分利用第一次全国重点保护野生植物资源调查成果（福建省），采用GIS技术等现代信息技术布设样地。

2. 样方法

（1）适用范围。适用于目的物种散生或团状分布，且连片分布面积较大的调查区。

（2）典型选样。在目的物种所处植物群落或生境中选取代表性的地段设置主样方，即兼顾目的物种不同的种群密度合理设置样方进行调查，主样方不能设在群落边缘。根据目的物种分布生境实际情况，主样方也可设置为样圆。

（3）主样方（样圆）面积。

① 主样方（样圆）面积因目的物种生活型而异，原则上主样方（样圆）面积如下：

乔木树种及大灌木主样方边长 L 为 20 m，面积为 20 m×20 m。主样方通常设置为正方形，特殊情况下也可设为长方形，但长方形的最短边长不小于 5 m。乔木树种及大灌木主样圆半径 R 为 10～20 m。

灌木树种及高大草本主样方边长 L 为 5 m，面积为 5 m×5 m；主样圆半径 R 为 3～5 m。

草本植物主样方边长 L 为 1 m，面积为 1 m×1 m；主样圆半径 R 为 1 m。

藤本物种：生长在乔木林中的主样方边长 L 为 20 m，面积为 20 m×20 m，主样圆半径 R 为 10～20 m；生长在灌木丛中的主样方边长 L 为 5 m，面积为 5 m×5 m，主样圆半径 R 为 3～5 m。

② 主样方（样圆）面积可根据不同地区群落类型或生境情况、调查物种特性作适当调整，如北方地区可适当加大样方（样圆）面积，南方地区可适当减小样方（样圆）面积。同一个物种同一种群落类型调查，宜采用相同类型的调查样地，即均统一采用样方或样圆。

（4）主样方（样圆）数量。

① 目的物种所处的群落或生境面积小于 500 hm² 的设 5 个主样方（样圆）；大于 500 hm² 的每增加 100 hm² 增设 1 个主样方（样圆），同一群落或生境类型，主样方（样圆）总数量不超过 10 个。

② 目的物种所处植物群落或生境分布在 2 个以上地段时，小的地段可少设或不设主样方（样圆），大的地段可多设，但一般最多不超过 5 个。未设主样方（样圆）的地段，须在踏查过程中，记录目的物种相关信息，至少记录 10 株（仅 10 株以下，则全部记录）目的物种的分布经纬度、树高、胸径等相关信息，并拍摄目的物种个体及所处群落照片。

（5）实地调查。

① 定位。采用 GPS 定位仪定位，以获取样方（样圆）所处的地理坐标。精确读取到秒，写作 E ×××°××′××″，N ××°××′××″。主样方（样圆）宜设置为固定样地，即作明显标记，在主样方的第一个顶角或样圆的中心点埋设固定标桩（或永久性磁铁）。

② 生境调查。按要求逐项调查主样方（样圆）所处地理位置，目的物种所处生境类型；植物群落的名称、种类组成、郁闭度或盖度；地貌、海拔、坡度、坡向、坡位、土壤类型等；人为干扰方式与程度；保护状况等；记载目的物种所处植物群落概况表。

③ 目的物种调查。调查记载主样方内目的物种的分布格局、株数、树高、胸径、健

康等级及幼树数量，其中胸径≥5 cm 的乔木、小乔木树种要求每木检尺，灌木树种及草本以丛或株为单位调查记载；填记目的物种记录表。

（6）出现度调查。

①为避免在主样方（样圆）设置时因人为主观因素所造成的误差，须采用出现度作为目的物种总量的修正系数。

②出现度采用等距设置副样方（样圆）进行调查求算。即在每一主样方（样圆）四个对角线方向上（如目的物种呈狭条带状分布，也可与主样方并排等距布设）设置 4 个副样方（样圆），其形状和大小与主样方（样圆）相同。主样方与副样方的间距同样方的边长长度；主样圆与副样圆的间距等于样圆半径的 2 倍。如某一方向的副样方（样圆）超出群落范围或因地形等而不能设置，可共同偏离一定角度布设。副样方（样圆）仅调查目的物种的有或无，不计目的物种的数量，记录出现目的物种（出现 1 株就作有）的副样方（样圆）数。

③副样方（样圆）的设置见图 5-1、图 5-2。

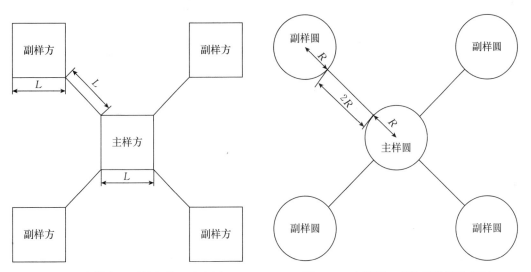

图 5-1 主样方、副样方设置示意图　　　　图 5-2 主样圆、副样圆设置示意图

（三）样带法

1. 适用范围　本方法适用于分布区域已知、连片分布面积较小、呈条带状分布的目的物种，以及石灰岩地区等特殊生境分布的目的物种。

2. 典型选样　在查询和范围界线实地踏查的基础上，确定目的物种分布范围，在目的物种分布范围内选取典型地带布设样带，即兼顾目的物种不同的生境、分布密度，布设样带进行调查。

3. 样带布设　沿物种分布生境布置样带，采用罗盘仪或 GPS 定位仪定向，沿样带行走调查。样带宽度，原则上沿样带中轴线，每侧宽度 L，乔木树种为 10 m、灌木为 5 m；样带长度不小于 300 m。根据生境不同，样带宽度和长度可适当调整，宽度以能清晰观察到目的物种为准，长度保证调查人员一天能完成一条样带调查。

4. 样带数量

（1）按样带长 300 m 设计，目的物种所处的群落或生境面积小于 500 hm² 的设 5 条样带；大于 500 hm² 的每增加 100 hm² 增设 1 条样带，同一群落或生境类型，样带总数量不超过 10 条。当样带长超过 300 m 时，可相应减少样带数量，以 10%～15%的面积抽样比例控制，但样带数不少于 5 条。

（2）目的物种所处植物群落或生境分布在 2 个以上地段时，小的地段可少设或不设样带，大的地段可多设。未设样带的地段，须在踏查过程中，记录目的物种相关信息，至少记录 10 株（仅 10 株以下，则全部记录）目的物种的分布经纬度、树高、胸径等相关信息，并拍摄目的物种个体及所处群落照片。

5. 实地调查 采用 GPS 定位仪定位，以获取样带起止处中心点地理坐标，并在样带起止处中心点埋设固定标桩（或永久性磁铁）。按要求进行目的物种群落（生境）概况调查和目的物种调查，调查内容与前面样方法中的要求相同，填写调查表。

（四）样线结合样方（样圆）法

1. 适用范围 适用的目的物种类型与样带法相同。在采用样带调查时，若计数的工作量过大，可采用本方法。

2. 样线及样方（样圆）布设 在生境调查和范围界线实地踏查的基础上，勾绘目的物种分布图，在目的物种分布范围内选取典型地带布设样线。

在样线上，沿物种分布生境等距离（非直线距离）布设样方（样圆）。样方（样圆）的布置间距可根据实际情况进行调整（图 5-3、图 5-4）；样方（样圆）的数量以能满足统计学要求为佳。

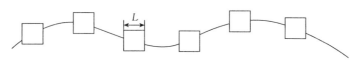

图 5-3 样线结合样方法设置示意图

图 5-4 样线结合样圆法设置示意图

（1）样方。以样线为中心轴，乔木树种样方边长 L 为 20 m，面积 20 m×20 m；灌木样方边长 L 为 10 m，面积 10 m×10 m。

（2）样圆。以样线点为圆心，乔木树种样圆半径 R 为 10～20 m，灌木树种样圆半径 R 为 3～5 m 以上。具体半径以能准确鉴别目的物种为原则，根据生境条件、通视条件等情况调整。

3. 实地调查 采用 GPS 定位仪定位，以获取样线起止点地理坐标，并在样线起止点埋设固定标桩（或永久性磁铁）。按要求进行目的物种群落（生境）概况调查和目的物种调查，调查内容同前面样方法中的要求相同，填写调查表。

三、调查与采样

（一）调查准备工作

1. 资料收集

（1）调查区域的地形、土壤、地质、水文、气象（温度、光照、降水量、相对湿度、蒸发量、风、霜、雪等）、植被等自然资源与生态环境状况。

（2）调查区域现有耕地面积、作物种类、栽培技术、耕作制度、主要病虫害、农业发展历史、近年的农业规划和区划等。

（3）调查区域的地区植物志、植物名录、过去的调查和考察报告、相关研究资料等。

2. 物资的准备

（1）标本采集制作工具准备。标本采集制作工具准备情况见表5-1所示。

表5-1　标本采集制作工具一览表

名　　称	要求或用途
GPS定位仪	用于定位和导航
照相机、摄像机	拍摄物种生态环境和群体结构等
放大镜	观察物种结构
望远镜	用于观察地形和植物种类
袖珍计算器	计算数据
采集袋	塑料袋，最好是密封冷冻袋
小标本夹	由两片木质夹板组成，中间放置吸水纸，用于临时压制标本，长43 cm，宽29 cm，厚1 cm
吸水纸、牛皮纸袋	吸水纸可用黄草纸，纸袋盛放种子和脱落的花、果实、叶
铁锹、土铲、土钻	用于挖掘植物
枝剪、树皮刀	用于剪取木本植物枝条和割取树皮
大标本夹、吸水纸和绳子	由上下两块木板组成，内装吸水纸，用绳子固定，大标本夹坚固，用于压制标本。长47 cm，宽33 cm，板条厚1 cm
镊子、刻纸刀	用于标本整形、切开台纸
台纸、盖纸	用于承载和保护标本
白纸条、白线、针、胶水	用于固定台纸上的标本
广口瓶	盛放福尔马林-酒精-冰醋酸（FAA液），用于浸渍花和大型肉果
福尔马林-酒精-冰醋（FAA液）	FAA液配制比例为：福尔马林5 mL，冰醋酸6 mL，50%酒精89 mL
野外记录复写单	内容和野外记录册完全一样，放在台纸的左上角
标本签	放在标本的右下角（注明采集导、登记号、科名、标本签、学名、中文名、采集人、产地、鉴定人、日期）

（2）安全防护及生活用具。野营时必需，包括帐篷、被子、蚊帐、衣物、安全防护及护腿、雨具等。护腿用厚帆布制成，防蛇虫叮咬。

（3）业务书籍及相关图表。

①用于查看调查地点、走向，标注考察路线和采样点位的相应的地图、交通图、地形

图底图。②野外调查时参看的植物检索表、物种照片、有关书籍等。③野外记录考察用的调查记录本、铅笔、调查考察表。

(二)野外调查

1. 区域选择 特有植物的分布中心;最大物种多样性中心;尚未进行物种资源调查的地区;物种资源濒危状况最严重的地区。

2. 物种选择 重点调查《国家重点保护野生植物名录》(农业部分),《濒危野生动植物种国际贸易公约》及其他公约或协定中所列农业野生植物,其他有重要经济价值或有重要科学研究价值的农业野生植物。

(三)调查时间确定

根据植物种类、生活习性、生态环境和分布规律等不同情况确定。

(四)调查内容与方法

1. 调查农业野生植物分布状况、生境状况、特征特性、濒危状况、保护与利用状况。

2. 以村为基本单位,进行调查访问,做好调查访问记录。

3. 实地踏勘、核实和补充已掌握的情况。填写农业野生植物调查表。

(五)农业野生植物调查表

农业野生植物调查表的内容见表5-2。

表5-2 农业野生植物调查表

中文名称（种名）		拉丁学名				俗名	
标本编号	野外编号		室内编号			照片编号	
所在地点	省（自治区、直辖市）	市	县	乡（镇、场）		村	组
地理位置	东经（°/′/″）		北纬（°/′/″）			海拔（m）	
分布面积（hm²）		种群数量					
地貌类型							
气候环境	年平均气温（℃）	≥10℃年积温（℃）	年平均降水量（mm）		年平均日照时数（h）	年蒸发量（mm）	
植被类型		植被覆盖率（%）					
土壤类型		土壤肥力					
形态特征							
生物学特性							
威胁因素							
濒危状况							
保护与利用状况							
评价和建议							

调查人:_____;调查日期:_____年_____月_____日;审查人:_____

填表说明：

（1）经纬度和海拔高度。可查地形网确认或利用 GPS 定位仪测量出目标物种所在地经度、纬度和海拔高度。单位为米。

（2）分布面积。对于分布面积较小的，利用 GPS 定位仪直接计算分布面积。对于分布面积较大的，利用卫星影像、航空相片、地形图等资料，结合野外勘察，确定面积和分布情况，并在平面图上加以标识。

（3）种群数量。对于分布面积较小的种类，采用直接计数的方法统计某种群数量。对于分布面积较大、范围较广的种类，采用小样本估计的统计方法，根据野外调查记录，计算各样带的种群密度，根据样带种群密度计算出平均密度，然后算出种群数量。

$$Di = Ni/2LW$$
$$D = \sum Di/n$$
$$M = D \times S$$

式中，Di 为各样带的密度；Ni 为各样带中记录的某物种个体数；L 为样带长度；W 为样带的单侧宽度；D 为平均密度；n 为样带总个数；M 为种群数量；S 为分布区域面积。

（4）地貌类型。以农业野生植物原生存地的主体地貌作为地貌类型，主要有山地、丘陵、高原、平原等类型，并加以特征描述。

（5）气候环境。从当地气象台（站）、有关《农业气候区划》等资料中收集调查气候环境资料。

（6）植被类型。①因生长环境的不同而被分类，植被类型可分为针叶林、阔叶林、针阔混交林、灌丛、荒漠和旱生灌丛、草原、草甸、沼泽、水生植被等植被类型；②如已有植被类型调查资料，则进行野外核实，确定调查区域现有植被类型；③如有卫星影像、航空相片资料，则通过判读解译，结合地形图和野外调查，确定植被类型；④无上述资料的，进行野外调查，确定植被类型。

（7）植被覆盖率。植被覆盖率=（一定区域内植被总面积/同一区域内土地总面积）×100%。

（8）土壤类型。按照《中国土壤系统分类》，中国主要土壤类型分为红壤、棕壤、褐土、黑土、栗钙土、漠土、潮土（包括砂姜黑土）、灌淤土、水稻土、湿土（草甸、沼泽土）、盐碱土、岩性土和高山土等 13 系列。

（9）土壤肥力。按土层厚度、植物种类及其生长发育状况等进行定性描述。可将土壤肥力分为好、中、差 3 级。

（10）形态特征。农业野生植物茎、叶、花、果、根的主要形态特征、特性等。

（11）生物学特性。包括生长习性和生育周期。生长习性指物种对光照、水分、养料、土壤酸碱性等生长要素的需求程度。生育周期指物种生长发育的全过程。根据生育周期的长短，将农业野生植物分为 1 年生、2 年生和多年生 3 类。

（12）威胁因素。重点查清对农业野生植物产生威胁的因子、作用时间、作用方式、作用强度、已有危害及潜在威胁。主要威胁因素包括：基础设施建设和城市化、农牧渔业生产和旅游开发、环境污染、过度采伐、外来物种入侵、盐碱化、沙化、沼泽化等。

（13）濒危状况。填写濒危等级。《中国野生植物受威胁等级划分标准》中规定我国野生植物受威胁等级划分为：灭绝（EX）、野外灭绝（EW）、极危（CR）、濒危（EN）、易危（VU）、渐危（NT）、低危（LC）7个等级类型。

（14）保护与利用状况。现在和将要采取的保护行动（包括保护政策、规章和技术的制定与实施）起止时间、主要目的、主要措施及主要成果，以及科学考察和研究活动情况。利用现状调查应了解主要利用在哪些方面、多大规模和效益等情况。

四、植物标本采制

（一）采集原则

1. 遵守野生植物保护的法律法规。

2. 按照不同物种及居群特点和要求取样。

（二）采集地点

应根据物种分布状况、生态环境和繁育系统确定标本采集地点。

（三）采集方法

1. 标本采集之前，应全面观察和记载该采集点的生态环境情况、物种分布情况、居群的基本情况、摄制该采集点的生境、伴生植物、土壤和采集样本照片。每个采样点均有GPS定位仪定点坐标数据以及对应的文件号。

2. 标本应具备茎、叶、花、果实、种子，能提供详尽的鉴定特征。

3. 标本的记录如表5-3所示。

表5-3 农业野生植物标本采集记录单

采集号_____ 采集日期_____
采集单位_____ 采集人_____
采集地点_____
经度_____ 纬度_____ 海拔_____ m
生境_____
状况：乔木□ 灌木□ 亚灌木□ 草本（1年生□ 2年生□ 多年生□）
直立□ 平卧□ 匍匐□ 攀援□ 缠绕□
植株高度_____ m，胸径_____ m
树皮_____
根_____
茎_____
叶_____
花_____
果_____
种子_____
科名_____ 属名_____ 种名_____
中文名_____ 俗名_____

（1）采集号。标本的野外编号。

（2）生境。记载标本采集地的生态环境，包括坡向、坡位、植被状况、土壤类型、光照条件和水分状况等。

（3）胸径。草本和小乔木一般不填。

（4）树皮。记载形状、颜色、裂纹、光滑度。

（5）根。矮小草本，要整株植物连根采集，记载根的形状、颜色等。

（6）茎。记载分枝方式、形状、颜色。

（7）叶。记载叶形、叶两面的颜色，有无粉质、毛、蒯等。

（8）花。记载颜色、形状、花被和雌雄蕊的数目。

（9）果实。记载种类、颜色、形状及大小。

（10）种子。记载颜色、性状及大小。

（四）编号与制作

每一标本都应有一个野外编号和初步鉴定结果。野外编号方法用采样人名字的第一个大写字母开始（如 WSJ921），其号数与采集记录表上一致。从同一株个体上采集的标本应使用同一编号。同一地点不同个体，可编同一编号。不同地点、时间采集的同种植物，分别编不同的号。每份标本都应拴上号签。

（五）标本鉴定

1. 判断法 在仔细解剖、观察被鉴定植物的特征后，根据其最突出或独特或标志性特征结合已有分类学知识，判断该植物所属的科。然后利用植物分类工具书（如《中国高等植物科属检索表》《中国植物志》及地方植物志等）在相应的科中一一核对，直到鉴定出结果。

2. 检索法 在对被鉴定对象进行仔细解剖、观察后，利用分科检索表、分属检索表及分种检索表依次检索到种。也可首先用分科检索表将被鉴定对象检索到科，然后用植物分类工具书在相应的科中一一核对，直到鉴定出结果。

3. 农业野生植物标本经过鉴定之后，应在其右下角贴上定名签。定名签要标明采集号、科名、拉丁学名、鉴定人和鉴定日期。定名签样式如表5-4所示。

表5-4 农业野生植物标本定名签样式

中名
拉丁学名_____ 科名_____
产地_____
采集号_____ 标本号_____
采集人_____ 鉴定人_____ 鉴定日期_____

五、农业野生植物蜡叶标本制作技术

蜡叶标本是保存植物最简单和常用的标本。农业野生植物蜡叶标本制作须经整理、压制、换纸、消毒、上台纸和标本保存等基本过程。

（一）整理

对标本进行初步整理，剪去多余枝叶，除掉根部污泥杂物，免致遮盖花果，准备压制。

（二）压制

将标本夹中的一块作为底板，铺上5～6层草纸，把一份带有号牌的标本展平于草纸上，使标本的叶片展示出正面和反面，其他部分也尽量有几个不同观察面。盖上2～3层草纸，再放另一份标本。当标本压制到一定高度时，上面多放几层草纸，再盖上另一块夹板，用麻绳捆紧，置于通风干燥处。

（三）换纸

新压制的标本，每天至少换一次纸，待标本含水量减少后，每1 d或2 d换一次纸，以保持标本不发霉和减少变色。及时晒干或烘干换下来的潮湿纸，以供继续使用。在最初两次换纸时，结合整形，将卷曲的叶片、花瓣展平。标本上脱落下来的部分，及时收集装袋，并注上该标本号与原标本放在一起。

（四）消毒

标本压干后，用升汞（$HgCl_2$）酒精液消毒，以杀死标本上的虫和虫卵。升汞酒精液的配方：用升汞1 g，70％酒精1 000 mL配成。可用喷雾器直接往标本上喷消毒液，或将标本放在大盆里，用毛笔蘸上消毒液，轻轻地在标本上涂刷，也可将消毒液倒在盆里，将标本放在消毒液里浸10～30 s。升汞为剧毒药品，消毒时应注意安全。也可用敌敌畏或四氯化碳、二硫化碳混合液或其他药剂消毒。消毒后的标本，应重新压干再上台纸。

（五）上台纸（装订）

1. 取一张台纸平放在桌子上，在野外可放在木板上，将标本按自然状态摆在台纸上的适当位置，并进行最后一次整形，剪去过多的枝、叶、果。标本过长，可折曲成 V 形或 N 形。

2. 选好适当位置，用白线绕紧标本，然后穿到台纸背面打结，用透明胶带纸在台纸背面把线黏牢。

3. 压制中脱落下来而应保留的叶、花、果，可按自然着生情况装订在相应位置上或用透明纸装贴于台纸上的一角。

4. 在台纸的右下角贴上定名标签。按标本号，复写一份采集记录，贴于台纸的左上角。

（六）保存

制成的蜡叶标本应存放在标本柜里。标本柜结构密封、防潮，大小式样可根据需要和具体情况而定，一般采用二节四门的标本柜。

（七）注意事项

1. 尽量使枝、叶、花、果平展，并且使部分叶片背面向上，以便观察叶背特征。花的标本宜有一部分侧压，以展示花柄、花萼、花瓣等各部位形状；还应解剖几朵花，依次将雄蕊、雌蕊、花盘、胎座等各部位压在吸水纸内干燥，便于观察和识别。

2. 肉质多汁植物不易压干，宜在压制前用沸水烫1～2 min或用福尔马林液浸泡片刻，将细胞杀死后再进行压制；有很大的根、地上茎或果实的植物，不宜入标本夹，可挂上号牌另行晒干或晾干，妥善保存或用浸液保存。

3. 标本放置要注意首尾相错，以保持整叠标本平衡及受力均匀，不致倾倒。有的标本的花、果较粗大，压制时常使纸凸起，叶子因受不到压力而皱折，可用几张纸折成纸垫，垫在凸起的四周，或将较大部分切下另行风干，挂同一号的采集标签。

4. 有些植物的花、果、种子压制时常会脱落，换纸时应逐个捡起，放在小纸袋内，并写上采集号码夹在一起。

5. 标本入柜前，应先登记、编号，将每份标本按需要分类登记在登记本上，便于随时掌握存有多少标本，有哪些标本使用方便。

6. 标本柜、标本室存放标本前，应事先扫干净，晾干并用杀虫剂消毒，常用敌百虫或福尔马林喷杀或熏杀。然后将标本按登记分类顺序放入柜里保存。标本入柜后，还应经常抽查是否有发霉、虫害、损伤等，如有发现应及时处理。

7. 入柜前应使标本干透，并在标本柜里放樟脑丸、干燥剂。若标本发霉，可用毛笔轻轻扫去菌丝体，再蘸点石炭酸或福尔马林涂在标本上，也可用红外灯烘干、紫外灯消毒。入柜后遇上雨季应防止发潮。

8. 在取放标本时，因标本之间互相摩擦也会使其某部分脱落、破碎。应在操作时轻拿轻放，需要取一沓标本中的某一份标本时，应整沓取出，放在桌上再逐份翻阅，不宜从中硬抽。为减少标本之间的磨损，可用牛皮纸或硬纸将标本逐份或分类夹好。取、放标本时随手关好柜门。

第三节　农业野生植物资源原生境保护方法

我国政府自 20 世纪 50 年代就一直重视农业野生植物的保护，开始了农业野生植物资源的收集和异位保存工作，主要通过建设种子库、种质圃将植物的种子和种茎迁移到其自然生境之外的地方进行保护，从而避免了农业野生植物在遇到不可抗拒的自然灾害时遭遇物种灭绝。目前，已保存在国家种质库和种质圃中的农业野生植物达 20 000多份，分属于 78 个科 256 个属 810 个种（不含花卉和药用植物等）。其中，粮食类野生植物 10 000 多份，油料类 6 000 多份，果茶桑类 2 000 多份，麻类、甘蔗、牧草等约 2 000 份。农业野生植物的库、圃异地保存不失为一项具有前瞻性的科学决策，但异地保存不利于遗传进化和多样性的发展，还可能由于遗传漂移和基因重组等原因，使农业野生植物有潜在利用价值的基因受到破坏或丢失。同时，异地保存只能根据科学家的直观判断选取不同类型的种子或种茎，而生物界本身的复杂性和科学技术水平的局限性使得所收集的材料无法代表其群落丰富的遗传多样性，而正是这些遗传多样性可能蕴藏着许多目前尚未认识的优异基因。只有利用原生境保护方式完整地保存这些遗传多样性，才能使科学家在未来的研究中源源不断地发掘其潜在的利用价值。

原生境保护（in situ conservation）是指保护农业野生植物群体生存繁衍原有的生态环境，使农业野生植物得以正常繁衍生息，以防因环境恶化或人为破坏造成灭绝。

国际上将农业野生植物原生境保护分为两类，一类为物理隔离（physical isolation）方法；另一类为主流化（mainstreaming）方法。自 2001 年起，在农业部和相关国际机构的资助下，我国相继利用这两种保护方法进行了农业野生植物原生境保护点建设。

一、物理隔离保护方法

物理隔离是我国农业野生植物原生境保护最先采用的方法，即利用围墙、铁丝网围栏、生物围栏（带刺植物）等隔离设施将农业野生植物分布地区及周边环境保护起来，防止人和畜禽进入产生干扰，保证农业野生植物的正常生存繁衍。物理隔离保护方法一般包括下列几个方面的内容。

（一）被保护物种的选择方法

国家级农业野生植物原生境保护的物种范围为国务院颁布的《国家重点保护野生植物名录》中的农业类野生植物，省、县级农业野生植物原生境保护的物种范围为省、县级地方政府颁布的《重点保护野生植物名录》中的农业类野生植物。目前，国家级重点保护农业野生植物物种包括国务院 1996 年发布的《国家重点保护野生植物名录》第 1 批中的 49种（类）的农业类野生植物和即将发布的《国家重点保护野生植物名录》第 2 批中约 150种（类）的农业野生植物。

（二）保护点建设地址的选择方法

保护点（protected site）依据国家相关法律法规建立的以保护农业野生植物为核心的自然区域。由于我国农业野生植物种类多、分布广，制订合理的选点原则直接关系到农业野生植物原生境保护的科学性和可持续性。为此，农业野生植物原生境保护点的选择应重点考虑下列几个条件：①被保护物种分布比较集中、面积大、遗传多样性丰富；②保护点所在地生态环境属于被保护物种生存繁衍的典型类型或具有一定的代表性；③保护点所在地被保护物种致濒因素复杂，濒危状况严重；④当地农民和地方政府具有一定的生物多样性保护意识，积极配合开展保护工作；⑤保护点建成后能够长期维持，并对未来的生物多样性保护具有积极的推动作用。

（三）保护点设施建设方法

利用物理隔离方法开展农业野生植物原生境保护点建设应按照《农业野生植物原生境保护点建设技术规范》执行，隔离方式应根据保护点被保护物种的生长繁衍特性、保护点所在地生态环境以及社会经济状况等确定使用围墙、铁丝网围栏、生物围栏或天然屏障隔离等方式。保护点建设的核心内容是保护点内一般划分为核心区和缓冲区，核心区也称隔离区，是保护点内野生植物分布比较集中的区域，核心区内禁止除科学研究外的一切人类活动；缓冲区是对核心区起保护作用的缓冲地带，缓冲区内可在符合相关管理规定情况下从事科学研究、试验观测、人工繁育等与保护和利用相关的活动。核心区（core area）在原生境保护点内未曾受到人为因素破坏的农业野生植物天然集中分布区域，也称隔离区。缓冲区（buffer area）原生境保护点核心区外围、对核心区起保护作用的区域。

1. 土地规划

（1）对纳入保护点的土地进行征用或长期租用。

（2）核心区面积应以被保护的野生植物集中分布面积而定，自花授粉植物的缓冲区应为核心区边界外围 30～50 m 的区域；异花授粉植物的缓冲区应为核心区边界外围 50～150 m 的区域。

2. 设施布局

（1）沿核心区和缓冲区外围分别设置隔离设施。

（2）标识碑、看护房和工作间设置于缓冲区大门旁。

（3）警示牌固定于缓冲区围栏上。

（4）瞭望塔设置于缓冲区外围地势最高处。

（5）工作道路沿缓冲区外围修建。

3. 隔离设施

（1）陆地围栏。用铁丝网做围栏，围栏的立柱应为高 2.3 m、宽 20 cm 方形的钢筋水泥柱，每根立柱中至少有 4 根直径为 $\phi12$ 的麻花钢或普通钢，外加 $\phi6$ 套，水泥保护层应为 $1.5\sim3.0$ cm，铁丝网为 $\phi5\sim3$ 镀锌丝 $+\phi2\sim2.5$ 冲压刀刺。立柱埋入地下深度不小于 50 cm，间距不大于 3 m；铁丝网间距 $20\sim30$ cm，基部铁丝网距地面不超过 20 cm，顶部铁丝网距立柱顶不超过 10 cm，两立柱之间呈交叉状斜拉 2 条铁丝网。

（2）水面围栏。视水面的大小和深度而定，立柱应为直径不小于 5 cm 的钢管或直径不小于 10 cm 的木（竹）桩，立柱高度应为最高水位时的水面深度值加 1.5 m，立柱埋入地下深度不少于 0.5 m。铁丝网设置按上面要求执行，铁丝网高度为最低水位线至立柱顶端。

（3）生物围栏。使用时，可利用当地带刺植物种植于围栏外围，用作辅助围栏。

4. 标识碑和警示牌

（1）标识碑为 3.5 m×2.4 m×0.2 m 的混凝土预制板碑面，底座为钢混结构，埋入地下深度不低于 0.5 m，高度不低于 0.5 m。

（2）标识碑正面应有保护点的全称、面积和被保护的物种名称、责任单位、责任人等标识，标识碑的背面应有保护点的管理细则等内容。

（3）警示牌为 60 cm×40 cm 规格的不锈钢或铝合金板材，一般设置的间隔距离为 $50\sim100$ m。

5. 看护房和工作间　看护房和工作间为单层砖混结构，总建筑面积为 $80\sim100$ m^2，看护房和工作间的设计按 GB 50011 执行。

6. 瞭望塔　瞭望塔应为面积 $7\sim8$ m^2、高度 $8\sim10$ m 的塔形砖混结构或塔形钢结构。瞭望塔设计按 GB 50011 执行。

7. 道路　路面采用沙石覆盖，且不宽于 1.8 m。

8. 排灌设施　必要时，可在缓冲区外修建灌溉渠、拦水坝、排水沟等排灌设施；拦水坝蓄水高度应能够保持核心区原有水面高度；排水沟采用水泥面 U 底梯形结构，上、下底宽和高度适当地洪涝灾害严重程度而定。

二、主流化保护方法

主流化保护方法也被称为与农业生产相结合或农民参与式的保护方法，即在不影响农业生产前提下，通过农民的积极参与，达到保护农业野生植物的目的。所谓主流化保护，就是紧紧围绕农业野生植物保护工作，以保护点农牧民生产生活的重大需求为中心，坚持实地调查研究，充分调动地方政府和农牧民主动参与保护的积极性，与地方政府现有惠民政策相结合，以有限的引导性资金撬动地方政府、企业和农牧民的大量投入，通过解决农牧民生产生活问题，消除威胁被保护物种主要因素的根源，达到可持续保护农业野生植物与农业生产相结合的目的。主流化保护方法的核心内容是对保护点所在地的地方政府工作人员和农牧民开展宣传、教育、培训等能力建设活动。因此，除在物种选择和保护点选择方面与物理隔离保护方法一致外，主流化保护方法一般还包含下列 4 个方面的内容。

1. 以政策法规为先导，通过约束人的行为减少对农业野生植物的威胁。首先在国家和省级层面建立健全生物多样性保护相关法律法规，在县级层面颁布相关政策，在乡镇和村级制定乡规民约和村规民约等，建立从中央到地方直至乡村系统的法律法规和政策，克服农业野生植物原生境保护的法律法规和政策障碍。

2. 以生计替代为核心，通过改善农牧民生产生活条件提高其保护农业野生植物的能力。针对每个保护点的威胁因素，分析导致农业野生植物受威胁的根源，从而通过广泛调研，提出农牧民开展生计替代的方式，如解决交通、品种、技术、水源、能源等生产生活问题，从根本上解决长期困扰农牧民发展的障碍和瓶颈，使农牧民生产力得到有效释放，最终提高生产生活水平。

3. 以资金激励为后盾，引导农牧民逐步融入市场经济。通过小额信贷贴息等方式，与各类金融机构合作，为农牧民开展生物多样性友好型的生产提供资金支持，同时给予部分贴息，使农牧民能够可持续地自主发展生产，从而实现生产生活水平的持久改善。

4. 以意识提高为纽带，通过广泛地宣传、教育和培训活动，营造农业野生植物保护的氛围，特别注重对中小学学生和妇女的教育，使农业野生植物保护的理念深入到每个家庭中的每个成员，从而从根本上消除威胁农业野生植物生存繁衍的根源。

思考题

1. 简述农业野生植物的概念与分类。
2. 我国农业野生植物面临的问题有哪些？
3. 农业野生植物资源调查有哪些常用方法？分别适用的对象是什么？
4. 植物标本制作要注意哪些事项？
5. 简述农业野生植物蜡叶标本制作步骤。
6. 野生植物原位保护点设施建设基本要求是什么？
7. 简述农业野生植物资源原生境保护的趋势。
8. 农业野生植物原生境保护点的选择应重点考虑哪些因素？

第六章 外来入侵植物防控

人类活动有意或无意的影响着物种的分布和迁徙，随着交通运输业、跨境旅游和国际贸易的剧增，生物入侵对各国生态和环境的破坏越来越大。农业作为半自然生态系统，也受到外来入侵生物的巨大威胁。农村环境保护工初级工在外来入侵植物防控时需要识别外来入侵植物、使用药械和药品灭除、使用监测设备监测。

第一节 生物入侵

一、生物入侵概念

生物入侵是指生物由原生存地经自然的或人为的途径侵入到另一个新的环境，对入侵地的生物多样性、农林牧渔业生产以及人类健康造成经济损失或生态灾难的过程。

当任何一种生物进入以往未曾分布过的地区，并能繁殖延续自己的种群，而且对当地物种、生态环境、生物多样性、农林业生产、人畜健康造成危害或不利影响便可称作入侵种。

没有给当地物种、生态环境、生物多样性、农林业生产、人畜健康造成危害，如有些外来种还会带来一些益处或有利影响（如生态、经济效益等）的外来物种，如甘蔗、红薯、土豆、玉米、高粱、辣椒、洋葱等，可称作外来种。

二、生物入侵的途径

生物入侵是一种普遍存在的现象。外来生物入侵的主要传入途径分为人类有意引入、随人类活动无意传入以及非人为因素的自然传入三大类。

（一）有意引入

指人类有意实行的引种（包括授权的或未经授权的），将某个物种有目的地转移到其自然分布范围及扩散潜力以外的地区。

1. 植物引种　人们为了农林生产、景观美化、生态环境改造与恢复、观赏、食用等目的有意引入的外来生物，引进物种逃逸后"演变"为入侵生物。植物引种对我国的农林渔业等多种产业的发展起到了重要的促进作用，但人为引种也导致了一些严重的生态学后果。在我国目前已知的外来有害植物中，超过50％的种类是人为引种的结果，这些引种植物包括牧草、饲料、观赏植物、药用植物、蔬菜、草坪植物和环境保护植物等。引进物种逃逸后给经济与环境带来危害的案例比比皆是：种植业上引进的喜旱莲子草（水花生）和凤眼莲（水葫芦）、观赏植物"一枝黄花"；用于沿海护滩而引进的植物如"大米草"等。

2. 动物引种　人们为了畜牧业生产、观赏、食用等目的有意引入外来动物物种。牛蛙是我国最早引入的养殖蛙类，它具有个体大、生长快、肉味鲜美等特点。1959年，从古巴引进后先后在20多个省市推广养殖。由于一些地区养殖管理不善，以及实行稻田、菜田等自然放养而逸为野生。獭狸在1953年被引入东北动物园饲养，供观赏用。但獭狸在南方饲养后毛质变差，养大后无人问津而被弃养。一些哺乳动物的皮张具有较高的经济价值，如麝鼠和海狸鼠，人们在大范围内推广饲养以获取皮张；水产养殖引进外域物种如虎鱼、麦穗鱼、福寿螺等；我国在生物防治害虫和害草中也曾引进天敌昆虫。

3. 为食用目的引入　美食是我国传统文化的一部分，人们为了追求食品的色、香、味、新、奇，食用野生动物，从而为满足餐馆野味消费而走私入境野生动物如毒蛇、果子狸、非洲大蜗牛等。

4. 作为宠物引入　一些动物作为宠物在城市中广泛养殖，通过放生而造成外来生物入侵。生存能力较强的一些鹦鹉，如小葵花凤头鹦鹉和虹彩吸蜜鹦鹉，在中国逃逸野化后数量大增，过度利用结果实的灌木或者过度采食嫩叶，危害当地植被。巴西龟已经是全球性的外来入侵种，目前在我国从北到南的几乎所有的宠物市场上都能见到。水族馆和家庭水族箱的普及也使一些外来水生动植物成为外来入侵种，如用于观赏而引进的食人鲳；又如原产美国的水盾草现已出现在浙江的河流中。

5. 植物园、动物园、野生动物园的引入　我国许多城市都有动物园、植物园、野生动物园。已经有许多外来动植物从园中逃逸野化形成入侵的事例。动物园中的野兽野禽可能逃到野外，在野外自然繁殖，如八哥已经在北京形成了自然种群。现在各地时兴建立野生动物园，大量物种被散放到自然区域中，如管理措施不够严密，动物园、植物园和野生动物园的外来物种就有可能逃逸（其中，可能会携带外来的野生动物疾病），这些潜在的外来入侵种源可能会带来灾难性后果。

（二）随人类活动无意传入

无意传入指随着人类的贸易、运输、旅行、旅游等活动而无意识地引进，很多外来入侵生物是随人类活动而无意传入的。尤其是近年来，随着国际贸易的不断增加、对外交流的不断扩大、国际旅游业的迅速升温，外来入侵生物借助多种途径越来越多地传入我国。

1. 随人类交通工具带入　如豚草最初是随火车从朝鲜传入我国的，多生长于铁路和公路两侧；褐家鼠和黄胸鼠则是通过铁路从其他地区带入新疆。

2. 随国际农产品和货物中带入　我国进口农产品的供给国多、渠道广、品种杂、数量大，带来有害杂草籽的概率高。据检疫部门统计，从1986年至1990年9月，上海口岸进口粮食349船次，截获杂草种子近30科、100属、200余种。1998年，在包括大连、青岛、上海、张家港、南京、广州等12个口岸截获了547种和5个变种的杂草，分属于49科，这些杂草来自30个国家，随粮食、饲料、棉花、羊毛、草皮和其他经济植物的种子进口带入。通过货物运输还会无意中引入病虫害，这在农林牧和园林等各个行业造成巨大经济损失的案例很多，如农业病虫害稻水象甲、甘薯长喙壳菌和马铃薯癌肿病、水稻条斑病与番茄溃疡病等；还有随着苗木传入我国的林业害虫如美国白蛾、松突圆蚧、日本松干蚧、蔗扁蛾等。

3. 随进口货物包装材料带入　一些林业害虫是随木质包装材料而来，货物进口是外来生物进入我国的重要渠道。我国海关 1999 年 7 月从日本、美国等进口的机电、家电等使用的木质包装上 59 次查获号称"松树癌症"的松材线虫；2000 年，多次从美国、日本等进口木质包装材料中发现大量松材线虫；从莫桑比克红檀木中曾截获双棘长蠹。

4. 旅游者带入　我国海关多次从入境人员携带的水果中查获地中海实蝇、橘小实蝇等；北美车前草可能是由旅游者的行李黏附带入我国。

5. 通过船舶压舱水带入　压舱水是船舶空载时为了保持稳定、增强抗风浪能力而在始发港或途径的沿岸水域抽进舱底的海水，被运载到异地或异国，在船舶载货后排放掉。船舶压舱水带来了近百种外来海洋生物，方式主要通过压舱水的异地排放。据国际海事组织（IMO）资料报道，世界上 90% 以上的商贸货物运输依靠海运。据估计，世界上每年由船舶转移的压舱水有 100 亿 t 之多。因此，许多细菌和动植物也被吸入并转移到下一个停靠的港口。我国沿岸海域有害赤潮生物有 16 种左右，其中部分是通过压舱水等途径在各沿岸海域传播。外来赤潮生物种加剧了我国赤潮现象的发生。

6. 军队的转移　军队的出入境可不通过特定的海关通道，从而不经过检疫。大规模的军队转移如海外维和部队的调防，在没有注意清理交通工具和装备的情况下，容易将一些外来生物携带到新的生态系统中。

（三）自然传入

自然传入指非人为因素引起的外来生物入侵。

1. 外来植物可以借助根系和种子通过风力、水流、气流等自然传入　植物可以通过根系、种子通过风力传播，如薇甘菊可能是通过气流从东南亚传入广东，还有通过种子或根系蔓延的畜牧业害草，如紫茎泽兰、飞机草。

2. 外来动物可以通过水流、气流长途迁移　动物可以通过水流、气流长途迁移。麝鼠原产北美，以后引入欧洲各国。1927 年，从北美洲引入前苏联，通过前苏联境内分别沿着西北和东北两端边境的河流自然扩散到我国境内。西北方向沿伊犁河、额尔齐斯河扩散到新疆；东北方向沿黑龙江和乌苏里江两条界河扩散到黑龙江省，1953 年，在新疆北部伊犁河发现，随后在黑龙江省有正式报道。多食性害虫如美洲斑潜蝇可进行长距离迁移，昆虫马铃薯块茎蛾可借风力扩散，稻水象甲也可能是借助气流迁飞到中国大陆。鸟类等动物迁飞还可传播杂草的种子。

3. 外来海洋生物随海洋垃圾的漂移传入　随着废弃的塑料物和其他人造垃圾漂浮的海洋生物也会造成危害，对当地的物种造成威胁。这些垃圾使向亚热带地区扩散的生物增加了 1 倍。与椰子或木材之类的自然漂浮物相比，海洋生物更喜欢附在塑料容器等不易被降解的垃圾上漂浮，借助这些载体，它们几乎可以漂浮到世界的任何地方。

4. 微生物可以随禽兽鱼类动物的迁移传入　一些细菌和病毒可以通过疾病传染，如疯牛病、口蹄疫、禽流感等。

三、生物入侵的基本特征

（一）外来种入侵的生物学基础

1. 外来种的生态幅　一般认为，成功的外来种对各种环境因子的适应幅度较广，能在条件恶劣的环境中存在和繁殖，对环境有较强的忍耐力，如耐阴、耐贫瘠土壤、耐污染等。这些特征使外来种在一些环境中获得对土著种的竞争优势，或能占据土著种不能利用的生态性，从而成功入侵。

2. 外来种的繁殖和传播特征　入侵种的繁殖特征对其在新栖息地种群的建立有很大作用。通常成功的外来种都有很强的繁殖能力，能迅速产生大量的后代。原产美洲的飞机草，由于种子和地下根茎均可以繁殖，繁殖力和竞争力都很强，形成成片的群落，危害性较大。有些植物能一年多次开花，产生大量的种子和幼苗；有些植物的种子易于传播，如紫茎泽兰的带有冠毛的果实极有利于传播扩散；其他的还有种子发芽率高，幼苗生长快，幼龄期短；种子寿命长，在土壤中埋藏多年后仍能萌发；种子具有休眠特性，因而能周期性地萌发而避免同时萌发所带来的灭绝风险。

外来种的传播特性则常常是与繁殖特性有关的，当一种植物的个体被传播到远离其原产地的新的环境时，由于该个体脱离其种群，通常缺少异体传粉及受精的外在条件，故具有自花传粉或无性繁殖力是其必然的选择性状。例如，紫茎泽兰是一种无融合生殖的三倍体（$n=17$），植物通常形成无配子种子。这些特性有利于入侵种在低密度的情况下迅速扩大种群，在新栖息地建立稳定的种群。

3. 外来种的强异株克生作用　一些外来种一旦侵入某种生境，会很快形成单优势群落，这与它们具有异株克生作用特性，从而能在竞争中处于优势地位密切相关。紫茎泽兰根部会分泌异株克生化合物，抑制个体周围生长的其他植物的生长发育，其植株的水和乙醚提取液对植株种子萌发和幼苗生长抵制率可高达 100%，并且其效应随浓度增高而增高。

4. 入侵种群的遗传结构　入侵种群一般是由少数引进的个体发展而来的，具有显著的奠基者效应。有时外来种种群在新栖息地的选择压力下可产生新的有利于入侵的性状。举例来说，互花米草通过运输进入英国，与本地种杂交，形成不育的杂交后代。该杂交后代染色体加倍后形成可育的大米草。大米草很重要的一个特征是能够汇集大量潮水带来的沉积物，一个 C_4 植物生长在一个 C_3 植物的环境中（低 CO_2 含量），从而具有极强的耐受力（能经受 $6\sim9$ h 潮水的浸没）。大米草与其二倍体的祖先相比，具有更强的生命力及选择的有利条件，如遗传多样性方面的有利条件（继承了两套基因组，产生了新的生理特征），具备杂交组合的优势。因此，既保留了原来的优势，又形成了新的优势。

（二）外来种入侵的生态学基础

1. 环境阻力缺乏导致的失控　外来种在原生区域环境中，其生长发育和繁殖都受到周围环境特别是它的自然天敌——病菌、昆虫和其他草食性动物等的制约。一旦这些植物传到新的地区，这些制约因子通常就消失了。外来的植物在新环境中足够的环境阻力特别是生物阻力（自然天敌）出现之前，个体数量将会持续不断地增长，这就使其繁殖的后代按几何级数增加，最终暴发生态危机。因而，从原产地引进天敌进行生物防治已成为控制外来种的重要手段。

2. 种间抑制　外来种与土著种之间往往存在着相互抑制作用，有时候是导致入侵成功的重要因素。原产北美洲的豚草，现已分布和危害着大约 20 个国家。豚草的繁殖力较强，籽实存活率高，植株竞争力强，生长中排斥其他植物及杂草，很快形成优势。在原产地美国，豚草出现在玉米、大豆、烟草和马铃薯等地块中，对它们的产量有显著的影响。

3. 可入侵性　下列生境被认为是容易被入侵的：具有相对较少本地种的生境；干旱（但不一定是半干旱生境），盐沼和高山；沙地或高低不平的土著生境、片断生境、河岸生境。这些生境主要有以下特点：地理和历史上的隔绝、本地植物具有较低的多样性、大的自然干扰和较多的人为活动、缺乏共同适应的天敌（包括竞争者、捕食者、草食动物、寄生者和疾病）。这些特征可以进一步引申为生境的进化历史、群落结构、繁殖体方面的压力、干扰、逆境等。

4. 外来物种的入侵与共生　一个物种能够成功入侵一个新的生境，必须克服许多的不利因素，如它需要获得足够的养分完成形态建成，需要传粉者帮助它完成有性生殖过程，而最主要的还是需要足够多的传播者帮助它完成扩散。因此，在新的生境中入侵种能否获得足够的互惠或者共生，对它的成功繁殖和扩散具有至关重要的作用。这一类的种间关系主要有动物参与的授粉，动物对种子的传播，菌根的形成，植物与固氮菌的共生等类性，而人为活动的影响将大大改变上述关系形成的可能性。

四、生物入侵的危害

外来生物入侵新的生境后，占据适宜的生态位，种群迅速增殖、扩大。发展成为当地的优势种。在严重威胁到入侵地的生态安全和生物多样同时，也对经济、人类健康造成巨大的影响。目前，入侵我国的外来生物已确认有 560 种，其中大面积发生、危害严重的达100 多种。在国际自然保护联盟公布的全球 100 种最具威胁的外来物种中，入侵我国的就有 50 余种。

（一）生物入侵对生态环境的影响

1. 生物入侵对物种多样性的影响　在过去的几十年中，对生态环境的破坏和化学污染引起的生物多样性的丧失引起了各国科学家的重视，但最近几年生物入侵对多样性的影响又成为一个主要问题。生物种入侵是居于生境破坏之后的第 2 种导致生物多样性丧失的主要原因，对全球环境和生物多样性保护构成威胁。20 世纪，在美国灭绝的鱼类中有 68% 与生物入侵有关。我国云南水域中的 432 种土著鱼类中，近 5 年来一直未采集到标本的鱼类约有 130 种，约占总种数的 30%；另外，约有 150 种鱼类在 20 世纪 60年代是常见种，现在已是偶见种，约占总种数的 34.7%；余下的 152 种鱼类，其种群数量均比 20 世纪 60 年代明显减少，而其中外来鱼类的引入是这些土著鱼类减少的最主要的原因。

2. 生物入侵对遗传多样性的影响　遗传多样性是指生物体内决定性状的遗传因子及其组合的多样性，包括同种的显著不同的种群或同一种群内的遗传变异。入侵种对本地种的遗传影响是直接或间接的，如改变自然选择的模式或本地种群间的基因流通；也可以直接通过杂交和基因渗透。外来物种的入侵可导致生境片段化，大而连续的生境变成空间上相对隔离的小生境，当种群被分割成不同数目的小种群后，种群的杂合度和等位基因多样性迅速降低。随着生境片段化，残存的次生植被常被入侵种分割、包围和渗透，使本土生物种群进一步破碎化，造成一些植被的近亲繁殖和基因漂变。有些入侵种可与同属近缘种甚至不同属的种杂交，这种基因交流可能导致对本地种的遗传侵蚀。如加拿大一枝黄花可与假奢紫鸢杂交。再如巴西龟，适应性强，繁殖快。与本地龟类交配后，产下的后代没有繁殖能力。对我国本地龟类的生存造成极大的威胁。

3. 生物入侵对生态系统的影响　生物入侵种一般都具有繁殖率高、扩展蔓延速度快、对引入地适应性强等特点，物种被引种以后可以在很短的时间内渡过适应期，依靠自己的繁殖优势和扩张能力，大量繁殖迅速生长，使自己挤入生态系统并占据重要生态位，扰乱生态系统原有的食物链条以及系统内的物流和能流秩序，破坏生物多样性，从而为害原有的生态系统。例如，如以饲料引进的水葫芦，在我国多地大范围暴发，造成水中含氧量减少，严重影响了当地生物的生存环境，造成当地大量水生动植物死亡，对生态系统的破坏影响极大。

（二）生物入侵对经济的影响

外来生物一旦入侵成功，在本土快速生长繁衍，改变本土生态环境，危害本土生产和生活，造成巨大的经济损失。要彻底根除这些入侵物种极为困难，而且用于控制其为害、扩散蔓延的代价极大，费用极为昂贵。在我国，松材线虫、湿地松粉蚧、松突圆蚧、美国白蛾、松干蚧等入侵害虫每年使 150 万 hm² 左右森林受灾。稻水象甲、美洲斑潜蝇、马铃薯甲虫、非洲大蜗牛等入侵害虫每年使 140 万～160 万 hm² 农田受灾。20 世纪 50 年代，我国作为猪饲料引进推广的水葫芦近年来疯狂繁殖，堵塞河道影响通航，严重破坏江河生态平衡，每年的打捞费用高达 5 亿～10 亿元，因其造成的经济损失接近 100 亿元。1994 年，入侵我国的美洲斑潜蝇，目前为害面积达 100 万 hm²，每年的防治费用就需 4.5 亿元。国家环保总局的统计显示，每年由于生物入侵造成的经济损失平均高达 574 亿元。光肩星天牛是原产于亚洲的极具破坏性的林木蛀干害虫。随着国际贸易的发展，该种害虫随木质包装材料进入美国。光肩星天牛在美国没有已知天敌，会对美国遍地种植的枫树和果树造成危害。如果它在美国得以长期繁衍，造成的经济损失将高达 1 380 亿美元。仅美国每年因外来种入侵造成的经济损失就近 1 370 亿美元。

（三）生物入侵对人类健康的影响

许多入侵生物是人类的病原或病原的传播媒介，一旦它们入侵成功，可能会造成大范围的疾病流行，严重影响人类的健康和生存。"疯牛病"最早于 1986 年在英国发现。科学家推测，可能是病牛或病羊的尸体被加工成了动物饲料，从而引起疾病的大规模传播。1996 年 3 月，英国政府正式承认疯牛病有可能传染给人。2003 年暴发的 SARS 病毒在短短几个月内，从广东迅速蔓延到全球除南极外的 6 大洲 32 个国家和地区，造成全球 7 000 多例患者感染，数百人死亡。除了疯牛病和 SARS，禽流感也带给人们不小的恐慌，它使越南、泰国、老挝、柬埔寨等东南亚国家人、家禽感染和死亡，养殖业和旅游业遭受重挫，给世界各国经济造成了巨大损失。国内也有多个省（市）发生禽流感疫情，虽还没有人感染病例的报道，但潜在危险不容忽视。世界银行预测，禽流感给全球造成的经济损失已达全球 GDP 的 2％，甚至还有人预测今后的损失将超过 5％。还有一些外来动物，如麝鼠可传播野兔热，极易威胁周围居民的健康。豚草花粉是人类变态反应症的主要病原之一，三裂叶豚草花粉导致的"枯草热"会对人体健康造成极大的危害，每当花粉飘散的7—9 月，体质过敏者会发生哮喘、打喷嚏和流鼻涕等症状，甚至导致其他并发生症产生而死亡。

第二节 外来入侵植物的监测技术

一、监测区划分

开展监测行政区域内的外来入侵植物适生区即为监测区。适生区（suitable geographic distribution area）是在自然条件下，能够满足一个物种生长、繁殖并可维持一定种群规模的生态区域，包括物种的发生区及潜在发生区（潜在扩散区域）。

以县级行政区域作为发生区与潜在发生区划分的基本单位。县级行政区域内有外来入侵物种发生，无论发生面积大或小，该区域即为该外来入侵物种发生区。潜在发生区的划分以农业农村部外来物种主管部门指定的专家团队做出的详细风险分析报告为准。

二、发生区监测

（一）监测点的确定

在开展监测的行政区域内，依次选取 20％的下一级行政区域直至乡镇（有外来入侵生物发生），每个乡镇随机选取 3 个行政村，设立监测点。外来入侵生物发生的省、市、县、乡镇或村的实际数量低于设置标准的，只选实际发生的区域。

（二）监测内容

监测内容包括外来入侵植物的发生面积、分布扩散趋势、生态影响、经济危害等。

（三）监测时间

每年对设立的监测点开展调查，监测开展的时间为花果期。

（四）监测用具

照相机或摄像机、全球定位系统（GPS）或定位仪、采集箱或塑料桶、船只、米尺、采样方框（1 m²、0.25 m²）、标签卡、镰形刀、铅笔、橡皮、小刀等。

（五）群落调查方法

已知外来入侵生物发生区域的群落调查一般采用选择样方和样线法。在调查方法确定后，在此后的监测中不可更改。

1. 样方法 在监测点选取 1～3 个外来入侵植物发生的典型生境设置样地，在每个样地内选取 20 个以上的样方，发生在一些较难监测的水域生境，可适当减少样方数，但不低于 10 个。

根据监测点样地水域的大小、形状、深度、水源、出水口、外来入侵生物分布情况和周围的环境情况，将监测样地分为不同的区域，在这些不同的区域选择能代表该区域特性的地点，布设采样点和采样断面。采样断面应平行排列，也可为"Z"形。

采样点和断面的样方数，可按该区域占样地的区域比例和样方的总数量计算，各采样点和断面样方数＝总样方数×各区域面积/样地总面积。

每个样方面 $0.25\sim 1\ m^2$（50 cm×50 cm，100 cm×100 cm）。

对样方内的所有植物种类、数量及盖度进行调查，调查的结果按表6-1、表6-2的要求记录和整理。

该方法多用于外来入侵生物发生面积较大的水域，如湖泊、大型水库等生境。

表6-1　采用样地法调查外来入侵植物及其伴生植物群落调查记录表

调查日期：＿＿＿＿＿　　　表格编号[a]：＿＿＿＿＿

调查小区位置：＿＿＿省＿＿＿市＿＿＿县＿＿＿乡（镇）/街道＿＿＿村；经纬度：＿＿＿

调查小区生境类型：＿＿＿＿＿　样地大小：＿＿＿＿＿（m²）样方序号：＿＿＿＿＿

调查人：＿＿＿＿　　工作单位：＿＿＿＿　　职务/职称：＿＿＿＿

联系方式：（固定电话＿＿＿＿　移动电话＿＿＿＿　电子邮件＿＿＿＿）

植物种类序号	植物种类名称	株数	盖度[b]（％）
1			
2			
3			

注：a. 表格编号以监测点编号＋监测年份后两位＋样地编号＋样方序号＋1组成。确定监测点和样地时，自行确定其编号。

b. 样方内某种植物所有植株的冠层投影面积占该样方面积的比例。通过估算获得。

根据表6-1的调查结果，按表6-2的格式进行汇总整理。

表6-2　样地法外来入侵植物种群调查结果汇总表

汇总日期：＿＿＿＿＿　　　表格编号[a]：＿＿＿＿＿

汇总人：＿＿＿＿　　工作单位：＿＿＿＿　　职务/职称：＿＿＿＿

联系方式：（固定电话＿＿＿＿　移动电话＿＿＿＿　电子邮件＿＿＿＿）

植物种类序号	植物种类名称	样地内的株数	出现的样方数	样地内的平均盖度（％）
1				
2				
3				

注：a. 表格编号以监测点编号＋监测年份后两位＋样地编号＋99＋2组成。

2. 样线法　在监测点选取1～3个外来入侵生物发生的典型生境设置样地。

根据生境类型的实际情况设置样线，常见生境中样线的选取方案参见表6-3；每条样线选50个等距样点，设置样方；每个样方面积 $0.25\sim 1\ m^2$（50 cm×50 cm，100 cm×100 cm）。

记录样方内植物种类及株数，按表6-4和表6-5的要求记录和整理。

该方法多用于入侵生物发生面积较小的水域，如水稻田、池塘等生境。

表6-3 样点法中不同生境中的样线选取方案（m）

生境类型	样线选取方法	样线长度	点　距
水稻田	对角线	50～100	1～2
江、河	沿两岸各取一条（可为曲线）	50～100	1～2
河道	沿两岸各取一条（可为曲线）	50～100	1～2
沟渠	沿两岸各取一条（可为曲线）	50～100	1～2
湖泊	对角线，取对角线不便或无法实现时可使用S形、V形、N形、W形曲线	50～100	1～2
水库	对角线，取对角线不便或无法实现时可使用S形、V形、N形、W形曲线	50～100	1～2
池塘	对角线，取对角线不便或无法实现时可使用S形、V形、N形、W形曲线	50～100	1～2
湿地	对角线，取对角线不便或无法实现时可使用S形、V形、N形、W形曲线	50～100	1～2

表6-4 样点法外来物种种群调查记录表

调查日期：＿＿＿＿＿＿＿＿＿　表格编号[a]：＿＿＿＿＿＿＿＿＿

监测点位置：＿＿＿省＿＿＿市＿＿＿县＿＿＿乡（镇）/街道＿＿＿村；

经纬度：＿＿＿＿＿　生境类型：＿＿＿＿＿　样地大小：＿＿＿＿＿（m²）

调查人：＿＿＿＿＿　工作单位：＿＿＿＿＿　职务/职称：＿＿＿＿＿

联系方式：（固定电话＿＿＿＿　移动电话＿＿＿＿　电子邮件＿＿＿＿）

样点序号[b]	植物名称Ⅰ	株数	植物名称Ⅱ	株数	植物名称Ⅲ	株数	…
1							
2							
3							

注：a. 表格编号以监测点编号＋监测年份后两位＋生境类型序号＋3组成。生境类型序号按调查的顺序编排，此后的调查中，生境类型序号与第一次调查时保持一致。

b. 选取2条样线的，所有样点依次排序，记录于本表。

根据表6-4的调查结果，按表6-5的格式进行汇总整理。

表6-5 样点法外来物种所在植物群落调查结果汇总表

汇总日期：＿＿＿＿＿　生境类型：＿＿＿＿＿　表格编号[a]：＿＿＿＿＿＿＿

监测点位置：＿＿＿省＿＿＿市＿＿＿县＿＿＿乡（镇）/街道＿＿＿村；

汇总人：＿＿＿＿＿　工作单位：＿＿＿＿＿　职务/职称：＿＿＿＿＿

联系方式：（固定电话＿＿＿＿　移动电话＿＿＿＿　电子邮件＿＿＿＿）

植物种类序号	植物名称	株数	频度[b]
1			
2			
⋮			

注：a. 表格编号以监测点编号＋监测年份后两位＋生境类型序号＋4组成。

b. 存在某种植物的样点数占总样点数的比例。

（六）发生面积调查方法

对发生在水稻田、小型水库、池塘等具有明显边界的生境内的外来入侵生物，其发生面积以相应地块的面积累计计算，或划定包含所有发生点的区域，以整个区域的面积进行计算。

对发生在江、河、沟渠沿线等没有明显边界的外来入侵生物，持GPS定位仪沿其分布边缘走完一个闭合轨迹后，将GPS定位仪计算出的面积作为其发生面积。其中，江、河的河堤的面积也计入其发生面积。

对发生地地理环境复杂（如湖泊、大型水库等大型水域），人力不便或无法实地踏查或使用GPS定位仪计算面积的，可使用目测法、通过咨询当地国土资源部门（测绘部门）或者熟悉当地基本情况的基层人员，获取其发生面积。调查的结果按表6-6的要求记录。

表6-6 外来入侵植物监测样点发生面积记录表

调查日期：_____监测点位置：_____省_____市_____县_____乡镇/街道_____村；

经纬度：_____ 表格编号ª：_____

调查人：_____ 工作单位：_____ 职务/职称：_____

联系方式：（固定电话_____ 移动电话_____ 电子邮件_____）

发生生境类型	发生面积（hm²）	危害对象	危害方式	危害程度	防治面积（hm²）	防治成本（元）	经济损失（元）
⋮							
合计							

注：a. 表格编号以监测点编号＋监测年份后两位＋年内踏查的次序号（第n次调查）＋5组成。

（七）经济损失调查方法

外来入侵生物对水稻田、河道、沟渠、湖泊、水库、池塘等生境的入侵严重影响了航运、水产养殖业、水力发电、农业灌溉；降低水质，减少了采水资源；聚集重金属，影响正常的元素循环；为病菌提供栖息地，危害动植物和人类健康。因此，在对监测点进行发生面积调查的同时，应调查外来入侵生物危害造成的经济损失情况。主要采用生产成本法，采取以下步骤：①根据管理部门的调查研究和文献报道材料确定外来生物入侵发生的种类；②确定被入侵的生态系统公益性服务功能的经济价值；③确定外来入侵物种的发生面积；④根据生物入侵对原有生态系统的影响程度确定生物入侵对其公益性服务功能的损害程度；⑤将外来入侵物种发生面积与被入侵生态系统公益性服务功能的单位价值、生物入侵对公益性服务功能的损害程度相乘，算出间接经济损失价值，并相加得到间接经济损失的总价值。

三、潜在发生区的监测

（一）监测点的确定

在开展监测的行政区域内，依次选取20％的下一级行政区域至地市级，在选取的地市级行政区域中依次选择20％的县（均为潜在分布区）和乡镇，每个乡镇随机选取3个行政村进行调查。县级潜在分布区不足选取标准的，全部选取。

（二）监测内容

外来入侵生物是否发生。在潜在发生区监测到外来入侵生物发生后，应立即全面调查其发生情况，并按照上面规定的方法开展监测。

（三）监测时间

每年对设立的监测点开展调查，监测开展的时间为每年5～9月。

（四）调查方法

1. 踏查结合走访调查 按照确定的监测点（行政村）进行走访和踏查，调查结果按表6-7的格式记录。

表6-7 外来入侵植物潜在发生区踏查记录表

踏查日期：_____ 监测点位置：_____省_____市_____县_____乡镇/街道_____村；

经纬度：_____ 表格编号[a]：_____

踏查人：_____ 工作单位：_____ 职务/职称：_____

联系方式：（固定电话_____ 移动电话_____ 电子邮件_____）

踏查生境类型	踏查面积（hm²）	踏查结果	备注
合计			

注：a. 表格编号以监测点编号＋监测年份后两位＋年内踏查的次序号（第n次踏查）＋6组成。

2. 定点调查 对监测点（行政村）内外来入侵生物的常发生境，如水稻田、河道、沟渠、湖泊、水库、池塘等进行重点监测。对园艺/花卉公司、水生植物种苗生产基地、水产养殖场等有对外贸易或国内调运活动频繁的高风险场所及周边，尤其是与外来入侵生物发生区之间存在水生种苗、种子、水产品等可能夹带外来入侵生物种子的货物调运活动的地区及周边，进行定点或跟踪调查。调查结果按表6-8的格式记录。

表6-8 外来入侵植物潜在发生区定点调查记录表

定点调查的单位：_____ 位置：_____ 表格编号[a]：_____

调查人：_____ 工作单位：_____ 职务/职称：_____

联系方式：（固定电话_____ 移动电话_____ 电子邮件_____）

调查日期	调查的周围区域 面积或沿线长度	调查结果	备注
⋮			

注：a. 表格编号以监测点编号＋监测年份后两位＋99＋7组成。

3. 标本采集、制作、鉴定、保存和处理 在监测过程中发现的疑似外来入侵生物而无法当场鉴定的植物，应采集制作成标本，并拍摄其生境、全株、茎、叶、花、果、水下部分等的清晰照片。标本采集和制作的方法参见第三章内容。

标本采集、运输、制作等过程中，植物活体部分均不可遗撒或随意丢弃，在运输中应特别注意密封。标本制作中掉落后不用的植物部分，一律进行无害化处理。

疑似外来入侵的植物带回后，应首先根据相关资料自行鉴定。自行鉴定结果不确定或仍不能做出鉴定的，选择制作效果较好的标本并附上照片，寄送给有关专家进行鉴定。

外来入侵植物标本应妥善保存于县级以上的监测负责部门，以备复核。重复的或无须保存的标本应集中销毁，不得随意丢弃。

第三节　外来入侵植物防控

本节主要介绍外来入侵植物防控通用技术方法。同时，以外来入侵植物少花蒺藜草的防控为案例介绍外来入侵植物防控的相关要求。

一、外来入侵植物防控通用方法

（一）入侵的预防

1. 建立健全法律法规，依法管理 制定外来入侵物种管理法规，建立外来入侵物种的名录制度、风险评估制度、引进许可制度，在环境影响评价制度中增加有关外来入侵物种分析的内容。

2. 加强检疫封锁，防止外来物种入侵和扩散 以《中华人民共和国环境保护法》《中华人民共和国进出境动植物检疫法》《植物检疫条例》等法律法规为依据，加强对入境的各种交通工具，如列车、汽车、轮船和旅游者携带的行李以及各种货物的检查工作，防止无意带入外来生物。

3. 加强风险评估，建立预警系统 一方面，根据信息资料对可能入侵的生物进行风险评估与预警，加强防范措施与制定应急控制技术；另一方面，对已入侵生物的危害、分布、蔓延和流行进行风险评估与预警，加强普查和监测，并实施有效的技术给予扑灭、根除和控制。

4. 加强宣传，提高公众防范意识 防止生物入侵，需要全社会共同努力，应加强宣传，提高全社会防范意识，减少在旅行、贸易、运输等活动中引入外来入侵物种的可能性。

（二）入侵种的控制方法

1. 人工、机械防除 人工、机械防治适宜于那些刚刚传入，还没有大面积扩散的入侵物种。在群落中有其他敏感植物存在时，也要用机械法。人工防除可在短时间内迅速清除有害生物，但需要年年防治，防除后的动植物残体必须妥善处理。

2. 替代控制 替代控制是根据植物群落演替规律用有经济或生态价值的本地植物取代外来入侵植物。替代植物一旦定植便长期控制入侵植物，不必连年防治；但是对环境要求较高，涉及的生态因素也很多，实际操作有一定难度。

3. 化学防除　化学农药具有效果迅速、使用方便、易于大面积推广应用等特点，但防除外来生物时，也会杀灭许多本地生物，而且费用一般较高，在大面积山林及经济价值相对较低的生态环境使用往往不经济、不现实。

4. 生物防治　对于要求在短期内彻底清除的入侵物种，生物防治难以发挥良好的效果。但天敌一旦在新的生境下建立种群，就可能依靠自我繁殖、自我扩散，长期控制有害生物，所以生物防治具有控效持久、防治成本相对低廉的优点。

5. 综合治理　将生物、化学、机械、人工、替代等单项技术融合起来，达到综合控制入侵生物的目的，这就是综合治理技术。该技术以生物防治为主，具有一次投资、长期见效的优势，成本相对较低。

6. 生境管理和生态恢复控制　根据外来种的生态学特征和当地生境的特点，采用生境管理的方法来控制。例如，用水淹消灭旱生动植物；用轮作倒茬控制外来农田害虫等。当外来种已被控制或被消灭之后，要及时地对受到干扰地带进行恢复建设。其目的在于：有效阻止外来种的再次入侵；恢复生态系统的生产力；恢复群落的物种多样性及社会服务功能。

二、少花蒺藜草综合防治技术

（一）少花蒺藜草的鉴定特征

茎秆膝状弯曲；叶鞘压扁、无毛，或偶尔有绒毛；叶舌边缘毛状，长 0.5～1.4 mm；叶片长 3～28 cm，宽 3～7.2 mm，先端细长。总状花序，小穗被包在苞叶内；可育小穗无柄，常 2 枚簇生成束；刺状总苞下部愈合成杯状，卵形或球形，长 5.5～10.2 mm，下部倒圆锥形。苞刺长 2～5.8 mm、扁平、刚硬、后翻、粗皱、下部具绒毛、与可育小穗一起脱落。小穗长 3.5～5.9 mm，由一个不育小花和一个可育小花组成，卵形，背面扁平，先端尖、无毛。颖片短于小穗，下颖长 1～3.5 mm，披针状、顶端急尖，膜质，有 1 脉；上颖 3.5～5 mm，卵形，顶端急尖，膜质，有 5～7 脉；下外稃 3～5 mm，有 5～7 脉，质硬，背面平坦，先端尖。下部小花为不育雄花，或退化，内稃无或不明显；外稃卵行膜质长 3～5（～5.9）mm，有 5～7 脉，先端尖；可育花的外稃卵形，长 3.5～5（～5.8）mm，皮质、边缘较薄凸起，内稃皮质。花药 3 个，长 0.5～1.2 mm。颖果几呈球形，长 2.5～3.0 mm，宽 2.4～2.7 mm，绿黄褐色或黑褐色；顶端具残存的花柱；背面平坦，腹面凸起；脐明显，深灰色。

（二）防治的原则和策略

1. 防治原则　采取"预防为主，综合防治"的原则。加强检疫和监测，防止少花蒺藜草向未发生区传播扩散；综合运用各种防治技术方法，减少少花蒺藜草对经济和环境的危害，以取得最大的经济效益和生态效益。

2. 防治策略　根据少花蒺藜草发生的危害程度及生境类型，按照分区施策、分类治理的策略，利用检疫、农艺、物理、化学和生态措施控制少花蒺藜草的发生危害。

3. 主要防治措施

（1）植物检疫。严把植物检疫关，不让少花蒺藜草的种子传入无少花蒺藜草地区，尤其在引种及种子调运时，严格检疫，每个样品不少于 1 kg，抽样检查，杜绝少花蒺藜草种子的传入。同时，进行疫情监测，重点调查铁路、车站、公路沿线、农田、草场、果园、林地等场所，根据该植物的形态特征进行鉴别，一经发现，随即封锁铲除，防止扩散蔓延；发现疫情后，立即报告给当地农业检疫部门，采取隔离检疫、应急扑灭措施，控制疫情扩散。

（2）农艺措施。

栽培措施：通过人工管理，提高作物或草场植被覆盖度，可有效抑制少花蒺藜草的生长和危害。

刈割：不同时期刈割对少花蒺藜草的再生生长及繁殖能力都具有明显抑制作用，能大量减少结实数量，效果最佳的为孕穗期低位刈割，一周刈割1次，到草抽穗停止刈割，共刈割11次，能有效控制少花蒺藜草的生长。

深翻和中耕：深翻和中耕是防除少花蒺藜草的有效措施之一。在作物地，播种前进行深翻，将少花蒺藜草种子翻埋到深层土壤中，可减少出苗数量。在作物生长期，通过适时中耕可杀灭已出苗的植株。

植物群落改造：少花蒺藜草是喜阳性植物，在较郁闭的植物群落中生长不良。因此，通过植被改造增加群落郁闭度，可减少直至控制少花蒺藜草危害和扩散。

（3）物理防治。

人工铲除：对于少花蒺藜草散生或零星发生区域，在少花蒺藜草在4～5叶期前，根系未大面积下扎，可连根拔除，晒干烧毁，防止繁殖蔓延。

机械防除：在少花蒺藜草占优势地带可以采用机械防除。防除时间选在少花蒺藜草的营养生长期，长出4～6片叶时候，最晚也开花期前完成。

由于在防除时植株残体可附着在动物体、农机具传播、防除人员衣服上，须统一处理，防除的少花蒺藜草须集中处置。

（4）化学防治。少花蒺藜草在苗期3～5叶期，根据发生的生境不同采取不同的化学药剂（表6-9），茎叶处理药剂的用量根据少花蒺藜草种危害等级计算。危害等级为2时，施药量为推荐量的70%；危害等级为3时，施药量以推荐量为宜。危害等级参考NY/T 2689—2015。

表6-9　不同生境少花蒺藜草的化学防治药剂选择及施用方法

生境	药　　剂	用量 （g/hm²）	加水 （L/hm²）	处理时间	喷施方式
草场	异丙甲草胺	1 080	450	出苗前	均匀喷雾
	乙草胺	750	450	出苗前	均匀喷雾
玉米田	莠去津	1 200	450	出苗前	均匀喷雾
	异丙草·莠	1 125	450	出苗前	均匀喷雾
	异甲·莠去津	1 125	450	出苗前	均匀喷雾
	乙·莠悬	1 125	450	出苗前	均匀喷雾
	精喹禾灵	120	450	3～5叶期	茎叶喷雾
	精喹禾灵＋甲基化植物油	120＋1 125	450	3～5叶期	茎叶喷雾

（续）

生境	药　剂	用量 （g/hm²）	加水 （L/hm²）	处理时间	喷施方式
玉米田	烟嘧磺隆	50	450	3～5叶期	茎叶喷雾
	烟嘧磺隆＋甲基化植物油	50＋1 125	450	3～5叶期	茎叶喷雾
	咪唑乙烟酸	105	450	3～5叶期	茎叶喷雾
	百草枯	450	450	中后期	定向茎叶喷雾
阔叶作物地	精喹禾灵	120	450	3～5叶期	茎叶喷雾
	精喹禾灵＋甲基化植物油	120＋1 125	450	3～5叶期	茎叶喷雾
	烟嘧磺隆	50	450	3～5叶期	茎叶喷雾
	烟嘧磺隆＋甲基化植物油	50＋1 125	450	3～5叶期	茎叶喷雾
	稀禾定	190	450	3～5叶期	茎叶喷雾
	精吡氟禾草灵	115	450	3～5叶期	茎叶喷雾
	精吡氟乙禾灵	50	450	3～5叶期	茎叶喷雾
	烯草酮	50	450	3～5叶期	茎叶喷雾
林地、果园	精吡氟禾草灵	115	450	3～5叶期	定向茎叶喷雾
	精吡氟乙禾灵	50	450	3～5叶期	定向茎叶喷雾
	稀禾定	190	450	3～5叶期	定向茎叶喷雾
	草甘膦铵盐	1 200	450	3～9叶期	定向茎叶喷雾
	百草枯	600	450	3～9叶期	定向茎叶喷雾
荒地	甲嘧磺隆	105	450	出苗前/ 3～5叶期	均匀喷雾/茎叶喷雾
	精吡氟禾草灵	115	450	3～5叶期	茎叶喷雾
	精吡氟乙禾灵	50	450	3～5叶期	茎叶喷雾
	稀禾定	190	450	3～5叶期	茎叶喷雾
	草甘膦	1 125	450	3～9叶期	定向茎叶喷雾
	百草枯	900	450	3～9叶期	定向茎叶喷雾
路边	甲嘧磺隆	105	450	出苗前/苗期	均匀喷雾/茎叶喷雾
	精吡氟禾草灵	115	450	3～5叶期	茎叶喷雾
	草甘膦	1 125	450	3～9叶期	定向茎叶喷雾

　　注：药剂用量以有效成分计算；喷施药剂应选择在少花蒺藜草出苗前、苗期，开花前进行；根据天气情况，选择6 h内无降水的天气进行喷药；草甘膦和百草枯均为灭生性除草剂，注意不要喷施到作物的绿色部位，以免造成药害；在施药区应插上明细的警示牌，避免造成人、畜中毒或其他意外。

　　（5）替代控制。在少花蒺藜草的发生区种植紫花苜蓿、杂交狼尾草、菊芋、向日葵、沙打旺、羊草等，达到防除少花蒺藜草目的。替代植物的种植方法参考表6-10。

表 6-10　替代植物的种植方法

替代植物	拉丁名	种植方法	适用生境
杂交狼尾草	*Pennisetum americanum* × *P. purpureum*	翻耕，条播，播种量为 22.5～30 kg/hm², 种子拌土混匀播于陇间，播深 5～10 cm，覆土 1～2 cm	草场、农田、农田周边、林地、果园、路边
菊芋	*Helianthus tuberosus* L.	翻耕后起陇，种子穴播于陇上，行株距为 (40～60) cm×(10～20) cm，播深 10～15 cm，播种量为 450～750 g/hm²，覆土 1～2 cm	荒地、路边
杂交狼尾草+菊芋	*Pennisetum americanum* × *P. purpureum* + *Helianthus tuberosus* L.	翻耕后起陇，狼尾草种子条播，播种量为 22.5～30 kg/hm²，种子拌土混匀播于陇间，播深 5～10 cm，覆土 1～2 cm；菊芋，种子穴播于陇上，行株距为 (40～60) cm×(10～20) cm，播深 10～15 cm，播种量为 450～750 g/hm²，覆土 1～2 cm	荒地、路边
紫花苜蓿	*Medicago sativa* L.	翻耕，行距为 30～35 cm，条播，播深为 1～3 cm，播种量 22.5～30 kg/hm²，播种后覆土 1～2 cm	草场、农田、农田周边、林地、果园、路边
沙打旺	*Astragalus adsurgens* Pall	翻耕，行距 40～60 cm，条播，播种量为 22.5～30 kg/hm²，播种后覆土 1～2 cm	草场、农田、农田周边、林地、果园
紫花苜蓿+沙打旺	*Medicago sativa* L. + *Astragalus adsurgens* Pall	翻耕，行距 40～60 cm，条播，播种量为 22.5～30 kg/hm²，紫花苜蓿：紫花苜蓿和沙打旺的播种量的比为 1∶0.5～1.5，播种后覆土 1～2 cm	草场、农田、农田周边、林地、果园
向日葵	*Helianthus annuus* L.	按照行株距为 50 cm×50 cm，点播，每穴 2～3 粒饱满种子，播深 8～10 cm	农田周边、荒地
羊草	*Leymus chinensis* (Trin.) *Tzvel.*	旋耕机深翻，撒播，播种量 120 kg/hm²，播种后覆沙 1～2 cm	沙地
紫穗槐	*Amorpha fruticosa* L.	行株距 50 cm×50 cm，幼苗移栽	路边、农田周边
高丹草	*Sorghum hybrid* × *S. sudanense*	行距为 40～50 cm，条播，播种量为 22.5～45 kg/hm²，播深 1.5～5 cm	农田、农田周边

4. 潜在发生区防控措施 采取植物检疫措施，加强农畜产品、农机具及交通运输工具检疫；对交通主干道、河流两侧，种植、养殖基地、荒滩荒地加强监测排查，发现疫情后，立即报告给当地农业检疫部门，采取物理、化学等措施进行处置，并进行持续监测，直至不再发现新的植株为止。

5. 发生区综合防治措施

（1）草场。在春天牧草返青前，少花蒺藜草还没有出苗时，可根据草场选择合适的除草剂喷施；如有灌溉条件的草场，在灌溉前可以通过撒毒土的方法施药。根据栽培措施，通过人工管理，提高草场植被覆盖度。

（2）农田内。在整地进，可对农田进行深耕；根据栽培措施，通过人工管理，提高农田内作物植被覆盖度。少花蒺藜草发生密度较小时，可采取人工拔除或机械铲除；也可以用刈割的农艺措施防除。少花蒺藜草发生密度较大，可根据农田作物种类选择合适的除草剂喷施防除。根据实际情况，也可选择适宜种植的替代植物。

（3）农田周边。少花蒺藜草发生密度较小时，可采取人工拔除或机械铲除；也可以用刈割的农艺措施防除。少花蒺藜草发生密度较大，可在苗期采用草甘膦对靶喷雾。或根据土壤和环境条件，选择适宜植物或组合进行替代控制。

（4）荒地。根据栽培措施，通过人工管理，提高荒地植物植被覆盖度。在少花蒺藜草出苗后，可施用选择性除草剂进行防除。施用药剂参照表6-9。根据种植条件选择替代植物组合，在少花蒺藜草苗期，采用草甘膦对靶喷雾。喷药2d后，适当松土。

（5）林地、果园。春季在少花蒺藜草出苗前，进行深翻，可减少少花蒺藜草出苗。少花蒺藜草发生密度较小时，可采取人工拔除或机械铲除，也可以用刈割的农艺措施防除。少花蒺藜草发生密度较大时，可采用化学防治。适合种植替代植物的地区可在苗期采用草甘膦对靶喷雾。替代植物选择参照表6-10。

（6）路边。少花蒺藜草发生密度较小时，可采取人工拔除或机械铲除，也可以用用刈割的农艺措施防除。

少花蒺藜草发生密度较大，可采用化学防治，施用药剂参照表6-9。

适合种植替代植物的地区可在苗期采用草甘膦对靶喷雾。替代植物选择参照表6-10。

（7）有机农产品和绿色食品产地。有机农产品和绿色食品产地实施少花蒺藜草防治，应遵照 GB 4285、GB 12475、GB/T 8321、NY/T 1276、NY/T 393、HJ/T 80 的规定。

参照标准 GB 4285、GB 12475、GB/T 8321、NY/T 1276、NY/T 393、HJ/T 80、GB/T 28088—2011，NY/T 2155—2012 和 NY/T 2530—2013 的规定，根据允许使用的农药种类、剂量、时间、使用方式等规定进行控制。不得使用农药的应采用农艺措施操作和物理防治的方法进行控制。

6. 资源化利用 少花蒺藜草适应性强，尤其是抗旱、耐瘠薄，对风积沙地、裸露沙丘及荒漠等生境种植，起到防风固沙的作用。少花蒺藜草在分蘖抽穗期的粗蛋白质含量高达 20.30%，牛羊极为喜食，是上等的饲草。从抽茎分蘖期到扬花结实期，可作为放牧利用。

思考题

1. 何为生物入侵?

2. 从生物入侵的途径来看,防止外来生物入侵的途径有哪些?

3. 对入侵生境实行生态修复,恢复生物多样性的原理是什么?

4. 简述外来入侵生物的危害。

5. 简述入侵群落调查方法。

6. 对入侵区和潜在发生区监测策略有何不同?

7. 简述外类入侵植物监测的基本内容。

8. 外来入侵植物防控通用方法有哪些? 举例说明。

9. 比较入侵种不同控制方法的优缺点。

10. 举例说明如何根据入侵植物发生生境选择合适的防控手段。

第七章 农村废弃物处理与利用

农村生态环境的保护离不开废弃物的治理，农村污水的处理和农业农村废弃物的处理处置及综合利用是美丽乡村建设的应有之意。农村环境保护工初级工应了解和掌握农田废弃物的回收与利用，了解生活污水的处理利用技术，了解和掌握生活垃圾的处理与利用。

第一节 农田废弃物回收与利用

种植业污染防控主要通过源头预防和生产过程防控来削减。同时，通过末端治理来降低污染。农田废弃物主要包括秸秆、废旧地膜、废弃包装物等，这些废弃物如果不妥善处理将造成污染。因此，应对这些农田废弃物进行及时回收与利用。本节首先介绍了地膜的回收利用技术，然后介绍了农作物秸秆的综合利用途径，并详细介绍了常见的秸秆还田技术和饲料化中的青贮技术。

一、废旧地膜回收利用

（一）废旧地膜回收技术

目前，地膜回收有人工捡拾和机械回收 2 种方式。手工清除残膜时，劳动强度大，费工时且回收率低，捡拾不净，长年累月造成残膜田间积累带来严重的"白色污染"。机械回收残膜，可以克服人工捡拾的不足，是残膜回收的有效方法。

1. 播前残膜回收技术 结合秋翻、春耕犁地作业（作物播前）进行残膜回收作业。播前残膜回收机械主要有 CMJ-5 型密排弹齿式残膜回收机、4SZ-3.0 收膜整地联合作业机、收膜整地多功能机等。以 CMJ-5 型密排弹齿式残膜回收机为例进行介绍。

（1）结构及工作原理。CMJ-5 型春秋两用密排弹齿式残膜回收机是与小四轮拖拉机配套的农业机械，主要用途是在播种前对地表 5 cm 以内的残膜进行回收，并能清除杂草，具有一定的碎土作用，以保证地表的清洁。该机主要由机架、前后弹齿组成（图 7-1），弹齿均为前后双齿。前排弹齿 100 根，由芝 6 mm 的 60 号锰钢丝绕制而成，后排弹齿 200 根，用芝 3 mm 的 60 号锰钢丝绕制而成，间距为 25 mm，采用铰节式连接方式，装卸方便，结构简单，深浅可调。弹齿采用密排布置。工作原理是：拖拉机行进时，牵引回收靶前移，弹齿入土 30～50 mm，由密排弹齿将地表和浅层的残膜收集成条，集结到地边，升起液压装置，自卸残膜。

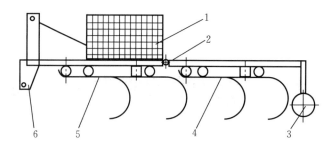

图7-1 CMJ-5型春秋两用密排弹齿式残膜回收机
1. 集膜箱 2. 铰接销 3. 深浅调节轮 4. 后排弹齿 5. 前排弹齿 6. 机架

（2）主要技术参数。

作业幅宽（m）：5。

单机重量（kg）：80。

工作效率（hm²/h）：2。

配套机型：悬挂式轮式拖拉机。

残膜收净率：≥80%。

（3）主要特点。一是春季使用时，安装后排加密弹齿，前排弹齿搂出地块中 50 mm 内大块残膜以及作物长秸秆和大土块，随后后排加密弹齿搂出地块中 20～50 mm 小碎片 残膜，残膜回收率可达 80% 以上。二是为了减轻农工转运残膜的负担，该机在机架上方 加装了集膜箱，可将清理后的残膜装入箱内随机组运至地头地边，便于收集利用。

2. 苗期残膜回收技术 作物苗期（头水前）残膜回收技术在玉米、棉花等作物中耕 作业时揭膜回收。此时，由于地膜使用时间短，破损不严重，有利于收膜，残膜收起后， 同时进行中耕作业。以 4MSM-3 型苗期残膜回收机为例进行介绍。

（1）主要结构与工作原理。该机由悬挂主梁、机架、起膜导轨、起膜轮、卸膜叶轮、 卷膜辊和地轮等主要部件组成，见图7-2。工作过程为，当拖拉机牵引机组前进时，起 膜导轨入土深5～6 cm，一边前进一边将地表地膜向上抬起，以利于起膜轮起膜，随后在 地轮的驱动下，起膜轮上的起膜杆齿转动并顺势将逐渐抬起的地膜叉住，通过起膜轮的转 动将地膜不断地向上向后输送，此时位于起膜轮后上方的卸膜叶轮，通过叶板将地膜从起 膜轮的起膜杆齿上卸下，并向后输送到卷膜辊，由地轮传递的动力带动卷膜辊转动，并将 整幅膜平整地卷到卷膜辊上，待直径卷到 300 mm 左右，通过快速卸膜机构，迅速将成卷 整体膜卸下，运出田外。

（2）主要技术参数。

机型：单幅机、三幅机。

生产率：0.2～0.3 hm²/h、0.53～0.167 hm²/h。

拾净率：82%、82%。

伤苗率：1%、1%。

配套动力：1.25～18.38 kW、40～55 kW。

小四轮拖拉机或传统拖拉机只要满足以上技术参数要求即可。

挂接方式：后三点悬挂、后三点悬挂。

收膜幅数：1幅、3幅。

机器质量：250 kg、850 kg。

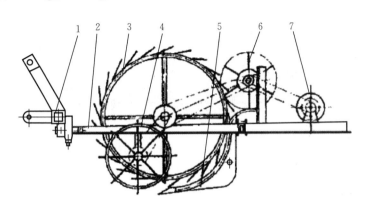

图7-2 4MSM-3苗期残膜回收机结构示意图

1. 悬挂主梁 2. 机架 3. 起膜轮 4. 起膜导轨 5. 卸膜轮 6. 卷膜辊 7. 卷膜轮

（3）主要特点。一是采用地轮传动，工作可靠，不会产生撕断膜或停滞现象。用管材或型材制成的单铰整体式机架、滚齿式起膜轮、起膜导轨、鼠笼式送膜叶轮和卷膜辊，重量轻，制造成本低，使用维修方便。二是适应性好。经过调整，能用于棉花宽膜种植等不同栽培模式的残膜回收。三是与送膜叶轮反向转动的准同步式卷膜装置，在卷膜过程中，膜面上的泥土、杂草、杂物被抛出，膜卷干净、紧密，不需要再打包，不会造成二次污染，便于运输和再生利用。

3. 秋后秸秆粉碎及残膜回收技术 秋后秸秆粉碎还田与残膜回收联合作业可降低作业成本，减少机具的进地次数，降低拖拉机作业费用，节省时间，大大地提高残膜回收的经济效益，便于残膜回收机的普及和推广。以4JLM-1800棉秸秆还田及残膜回收联合作业机为例进行介绍。

（1）主要结构及工作原理。悬挂式棉秆粉碎还田搂膜机由传动系统、秸秆粉碎部件、限深切膜轮、切根部件、搂膜碎部件等主要部件组成（图7-3）。秸秆粉碎部件位于搂膜部件前，采用后抛送式秸秆粉碎原理。其作用是切割和粉碎棉秆，同时将粉碎后棉秆全部抛送到机具后已作业区域；切根部件采用人字形铲刀，用来松动棉垄利于搂膜齿的入土，同时铲断根茬便于将根茬与残膜一起搂集，减少根茬对搂膜和来年铺膜播种的影响；在切根部件前的限深切膜轮上对应位置安装有圆形切膜刀。其作用是调整机具的作业深度并将整块残膜切割分条，方便残膜搂集。搂膜部件有四排搂膜齿。第一、第二排齿的作用主要是拨动膜、秆、土的混合物，防止堵塞，第三和四排齿起到搂膜的作用；机具工作一段距离，搂膜部件内物料快堆积满时，操作拖拉机的液压手柄，液压油缸收缩将搂膜部件升起，当搂膜部件越过物料堆后操作液压手柄将搂膜部件放下继续作业。

（2）主要技术参数。

配套动力（kW）：40～48。

挂接方式：悬挂式。

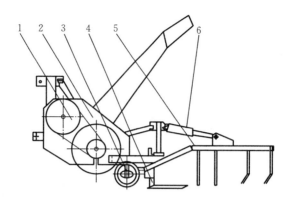

图 7 - 3 悬挂式棉秸秆粉碎还田搂膜机

1. 传动部件 2. 秸秆粉碎部件 3. 限深切膜轮 4. 切根部件 5. 搂膜部件 6. 卸膜油缸

液压阀输出配套：≥2 路。

工作幅宽（mm）：1 400～1 800。

结构质量（kg）：720。

外形尺寸（mm）：3 010×1 850×1 885。

作业生产率（hm²/h）：0.8～1。

（3）机具特点。一是采用悬挂式与拖拉机配套挂接，机具安装方便快捷。二是采用搂集式残膜回收原理，机具无论从结构和成本上都有很大的精简，操作简单，作业速度适应性较高，易于推广。三是实现秸秆粉碎及膜秆分离，避免粉碎后秸秆与残膜混合，减少物料的拉运工作量，达到秸秆还田的目的。四是可适应当前新疆棉花的不同栽培模式，如 30 cm＋60 cm、30 cm＋55 cm、66 cm＋10 cm、40 cm＋20 cm 等。五是配置的切根部件将棉根切断利于残膜搂集，同时搂膜部件将棉根随残膜一起清理出棉田，减少了春季播种前人工捡拾清理棉根的作业，降低了种植成本，避免播种时棉根对地膜的损伤，有利于抢农时播种。

（二）废旧地膜加工技术

废旧地膜作为废旧塑料的一种，对其进行再生造粒，不仅实现了资源再生，而且解决了白色污染问题，是适合我国国情最主要的废旧地膜资源化利用技术。

湿法造粒是目前普遍采用的一种较为成熟的工艺，再生后的颗粒纯度较高，可以用来作为高品质塑料制品的原材料。废旧地膜通常在不同程度上沾染有油污、垃圾、泥沙等，这些杂质会严重影响再生塑料制品的质量，可以通过增加破碎和清洗的次数很好地去除泥沙等杂质，提高回收产品的纯度，破碎和清洗是湿法工艺中两个关键的环节。湿法造粒工艺流程见图 7 - 4。

图 7 - 4 湿法造粒工艺流程图

废旧地膜回收造粒设备一般包括破碎机械、清洗机械、干燥机械、挤出机械和切粒机械五个部分。

1. 破碎机械的一般工作过程 动刀随转子高速转动，由加料口加入的料块在重力及其他推动力作用下，进入室壁与转子之间区域，在经过定刀与动刀之间的间隙时被切割或撞击成碎块，如果碎块的尺寸小于筛板的筛孔，碎块就从排料口排出，过大的碎块则被动刀刮住，在另一定刀与动刀间隙中被切割或撞击，如此往复，直到碎块全部排出。

2. 清洗机械 按清洗方法分为间歇式和连续式两种。间歇式清洗是先将废旧农膜放在装有热的碱水溶液的容器中浸泡一定时间，然后通过机械搅拌使薄膜彼此摩擦和撞击，以达到除去沾染的污物的目的，再取出清洗后的薄膜；连续式是间歇式的改进，切碎的废旧农膜连续喂入，清洗后的薄膜连续排出。

3. 干燥机械 目前多数是流化床式和旋转式，采用热风同时辅以电加热的形式进行干燥。

4. 常用的大型挤出机械机型 同向双螺杆挤出造粒机、同向双螺杆齿轮泵挤出造粒机、同向双螺杆单螺杆挤出造粒机、同向双螺杆单螺杆齿轮泵挤出造粒机。具有超深螺槽、高转速、超高扭矩、大马力、高产低耗和微机控制等特点。

5. 切粒机械是废塑料挤出造粒的关键部件之一，其形式多种多样，主要有热切和冷切两种形式。所谓热切是指物料从机头模孔中挤出后，在熔融或半熔融状态下进行切粒的方法；而冷切是指物料从机头模孔中挤出后牵引拉成条状，进入水槽中冷却后进行切粒的方法。其中热切法又可分风冷热切、水下热切和干切三种；冷切法又可分挤条和挤片切粒。

废旧地膜再生粒有广泛的用途。地膜主要为 PE 膜，PE 再生粒可用来仍生产农膜，也可用来制造化肥包装袋、垃圾袋、农用再生水管、栅栏、树木支撑、盆、桶、垃圾箱、土工材料等。

二、农作物秸秆综合利用

据统计，2015 年，我国全国秸秆理论资源量为 10.4 亿 t，可收集资源量约为 9 亿 t。目前，农作物秸秆综合利用主要有 5 种途径：一是作为农用肥料；二是作为饲料；三是作为农村新型能源；四是作为工业原料；五是作为基料。2015 年，全国秸秆综合利用量约为 7.2 亿 t，秸秆综合利用率达到 80.1%；其中，肥料化占 43.2%、饲料化占 18.8%、燃料化占 11.4%、基料化占 4.0%、原料化占 2.7%。下面主要对 5 种综合利用途径进行分析，并详细介绍秸秆还田技术（肥料化）和秸秆青贮技术（饲料化）。

（一）秸秆 5 种综合利用途径分析

1. 秸秆还田利用 秸秆还田包括秸秆直接还田和加工商品有机肥，也就是将秸秆作为增加土壤有机质来还到田内，保证养分的循环利用。秸秆直接还田是当前我国秸秆肥料化利用最主要的途径，也是最现实、最易于推广操作的秸秆利用方式，有利于农业可持续发展。

（1）作用。农作物秸秆还田是补充和平衡土壤养分，改良土壤的有效方法，是高产田建设的基本措施之一，秸秆还田后，平均每亩增产幅度在 10% 以上。

（2）弊端。秸秆还田最大的问题在于难以将秸秆犁耕到土壤中。即使秸秆被成功地犁耕到土壤中，在犁沟中的秸秆股形成过程中也可能引发问题，即不能以足够速度进行分解，而在下一次耕作时露出地表。此外，犁沟中的秸秆股也将会阻碍作物的根系向土壤深层生长。

（3）秸秆还田方法。秸秆覆盖或粉碎直接还田；利用高温发酵原理进行秸秆堆沤还田；秸秆养畜，过腹还田；利用催腐剂快速腐熟秸秆还田，在秸秆中添加一定量的生物菌剂及适量的氮肥和水，再经高温堆沤，可使秸秆腐熟时间提早 15～20 d。实践证明，机械化粉碎秸秆还田是秸秆综合利用的主要技术措施和手段。

2. 秸秆饲料化利用 秸秆饲料主要指通过氨化、青贮、微贮、揉搓丝化等处理技术，增加秸秆饲料的营养价值，提高秸秆转化率，秸秆饲料化已成为发展节粮型畜牧业的重要途径。

（1）秸秆富含纤维素、木质素、半纤维素等非淀粉类大分子物质。作为粗饲料，营养价值低，必须对其进行加工处理。处理方法有物理法、化学法和微生物发酵法。经过物理法和化学法处理的秸秆，其适口性和营养价值都大大改善，但仍不能为单胃动物所利用。秸秆只有经过微生物发酵，通过微生物代谢产生的特殊酶的降解作用，将其纤维素、木质素、半纤维素等大分子物质分解为低分子的单糖或低聚糖，才能提高营养价值，提高利用率、采食率、采食速度，增强口感性，增加采食量。如生物有机肥，秸秆可以作为培养土使用，同一些饲料细菌培养后，作为花草、蔬菜的肥料。

（2）秸秆饲料的主要加工技术。直接粉碎饲喂技术；青贮饲料机械化技术；秸秆微生物发酵技术；秸秆高效生化蛋白全价饲料技术；秸秆氨化技术；秸秆热喷技术。

3. 秸秆能源化利用 秸秆能源化包括农村直接生活燃料、秸秆发电、沼气、气化、固化成型和炭化。

（1）生物质是仅次于煤炭、石油、天然气的第四大能源，在世界能源总消费量中占14％。我国每年农作物秸秆资源量占生物质能资源量的一半。

（2）农作物秸秆能源转化的主要方式是秸秆气化。除秸秆气化以外，秸秆还可以用来加工压块燃料、制取煤气。

4. 工业原料化利用 秸秆作为工业原料，目前主要应用于板材加工、造纸、建材、编织、化工等领域。秸秆是高效、长远的轻工、纺织和建材原料，既可以部分代替砖、木等材料，还可有效保护耕地和森林资源。秸秆墙板的保温性、装饰性和耐久性均属上乘，许多发达国家已把"秸秆板"当作木板和瓷砖的替代品广泛应用于建筑行业。此外，经过技术方法处理加工秸秆还可以制作人造丝和人造棉，生产糠醛、饴糖、酒和木醋醇，加工纤维板等。

5. 秸秆基质化利用 包括食用菌基料和育苗基料、花木基料、草坪基料等，目前主要以食用菌基料为主。秸秆用作食用菌基料是一项与食品有关的技术。食用菌具有较高的营养和药用价值，利用秸秆作为生产基质，大大增加了生产食用菌的原料来源，降低了生产成本。目前，利用秸秆生产平菇、香菇、金针菇、鸡腿菇等技术已较为成熟，但存在技术条件要求较高的问题，用玉米秸和小麦秸培育食用菌的产出率较低。

（二）秸秆还田技术

1. 秸秆直接还田技术 秸秆直接还田是近年来推广的技术，采用秸秆还田机作业，机械化程度高，秸秆处理时间短，腐烂时间长，是用机械对秸秆简单处理的方法。

（1）机械直接还田。该技术可分为粉碎还田和整秆还田两大类。采用机械一次作业将田间直立或铺放的秸秆直接粉碎还田，使人工还田多项工序一次完成，生产效率可提高40～120倍。秸秆粉碎根茬还田机还能集粉碎与旋耕灭茬为一体，能够加速秸秆在土壤中腐解，从而被土壤吸收，改善土壤团粒结构理化性能，增加土壤肥力，促进农作物持续增产增收。采用秸秆还田粉碎机应当注意的是：要达到28 cm以上，大犁铧前要有小犁铧，以便把秸秆埋深埋严；小麦等玉米后茬作物的底肥适当增施氮肥，以调节C/N满足土壤微生物分解秸秆所需；搞好土壤处理，灭除秸秆所带病虫。整秆还田主要是指小麦、水稻和玉米秸秆的整秆还田机械化，可将田间的作物秸秆整秆翻埋或平铺为覆盖栽培。

机械还田是一项高效低耗、省工、省时的有效措施，易于被农民普遍接受和推广。自20世纪80年代中期以来，各地农机部门积极开展机械秸秆还田技术的研究开发、试验和推广，机械化秸秆还田面积逐渐扩大，取得了令人可喜的成绩。但是秸秆机械还田存在两个方面的弱点：一是耗能大，成本高，难以推广；二是山区、丘陵地区图块面积小，机械使用受限。在直接还田中，应注意的问题：一是秸秆覆盖量。一般来说，农作物的秸秆和籽粒比是1∶1，秸秆的覆盖量在薄地、氮肥不足的情况下，秸秆还田离播期又较近时，秸秆用量不宜过多；在肥地、氮肥较多，离播期较远的情况下，可加大用量，一般每亩*300～400 kg。二是配合施用氮、磷肥料。由于秸秆C/N比较大，微生物在分解秸秆时需要从土壤中吸收一定的氮素营养，如果土壤氮素不足往往会出现与作物争夺氮素的现象，影响作物正常生长，因此应配合施用适量的氮肥，以100 kg秸秆配施氮肥0.6～0.8 kg为宜，对缺磷土壤应配合施用适量的速效磷肥，同时结合浇水，有利于秸秆吸水腐解。三是减少病虫害传播。由于未经高温发酵直接还田的秸秆，可能导致病害的蔓延。如小麦白粉病、玉米黑粉病等，因此有病害的秸秆应销毁或经高温腐熟后再施用还田。

（2）覆盖栽培还田。秸秆覆盖栽培中，秸秆腐解后能够增加土壤有机质含量，补充氮、磷、钾和微量元素含量，使土壤理化性能改善，土壤中物质的生物循环加速。而且秸秆覆盖可使土壤饱和导水率提高，土壤蓄水能力增加，能够调控土壤供水，提高水分利用率，促进植株地上部分生长。秸秆是热的不良导体，在覆盖情况下，能够形成低温时的"高温效应"和高温时的"低温效应"两种双重效应，调节土壤温度，有效缓解气温激变对作物的伤害。目前，北方玉米、小麦等的各种覆盖栽培方式已达到一定的技术可行性，在很多地方（如河北、黑龙江、山西等省）已被大面积推广应用。此外，顾克礼研究的超高茬麦秸还田作为秸秆覆盖栽培还田的一种特殊形式，是在小麦灌浆中后期将处理后的稻种直接撒播到麦田，与小麦形成一定的共生期，麦收时留高茬30 cm左右自然还田，不育秧、不栽秧、不耕地、不整地，这是一项引进并结合我国国情研究开发的可持续农业新技术，其水稻产量与常规稻产量持平略增，能够省工节本，增加农民收入，可进一步深入研究。

（3）机械旋耕翻埋还田。如玉米青秆木质化程度低，秆壁脆嫩，易折断。玉米收获后，用手扶拖拉机拖挂旋耕机横竖两遍旋耕，即可切成20 cm左右长的秸秆并旋耕入土。茎秆通气组织发达，遇水易软化，腐解速度快，其养分当季就能利用。按每公顷秸秆还田

---

* 亩为非法定计量单位。1亩＝1/15 hm²。

量 30 000 kg 计算，相当于每公顷投入碳铵 340 kg、过磷酸钙 970 kg、氯化钾 150 kg。一般每公顷可增产稻谷 1.2～1.65 t。

2. 秸秆间接还田技术 秸秆间接还田（高温堆肥）是一种传统的积肥方式。它是利用夏秋高温季节，采用厌氧发酵堆沤制造肥料。其特点是时间长，受环境影响大，劳动强度高，产出量少，成本低廉。

（1）堆沤腐解还田。堆沤腐解还田是解决我国当前有机肥短缺的主要途径，也是中低产田改良土壤、培肥地力的一项重要措施。它不同于传统堆沤还田，主要是利用快速产生的大量纤维素酶，在较短的时间内将各种作物秸秆堆制成有机肥，如中国农业科学院原子能研究所（现为中国农业科学院农产品加工研究所）研制开发的"301"菌剂，四川省农业科学院土壤肥料研究所和合力丰实业发展公司联合开发的高温快速堆肥菌剂等。此外，日本微生物学家岛本觉也研究的微生物工程技术——酵素菌技术已被引进，并用于秸秆肥制作，使秸秆直接还田简便易行，具有良好的经济效益、社会效益和生态效益。现阶段的堆沤腐解还田技术大多采用在高温、密闭、嫌气性条件下腐解秸秆，能够减轻田间病、虫、杂草等危害，但在实际操作上给农民带来一定的困难，难以推广。

（2）烧灰还田。这种还田方式主要有两种形式：一是作为燃料，这是国内外户户传统的做法；二是在田间直接焚烧。田间直接焚烧不但污染空气，浪费能源，影响飞机升降与公路交通，而且会损失大量有机质和氮素，保留在灰烬中的磷、钾也易被淋失，因此是一种不可取的方法。当然，田间焚烧可以在一定程度上减轻病虫害，防止过多的有机残体产生有毒物质与嫌气气体或在嫌气条件造成氮的大量反硝化损失。但总的说来，田间焚烧秸秆弊大于利，在秸秆作为燃料之余，就应严厉禁止作物秸秆田间焚烧。

（3）过腹还田。过腹还田是一种效益很高的秸秆利用方式，在我国有悠久历史。秸秆经过青贮、氨化、微贮处理，饲喂畜禽，通过发展畜牧业增值增收，同时实现秸秆过腹还田。实践证明，充分利用秸秆养畜、过腹还田、实行农牧结合，形成节粮型牧业结构，是一种符合我国国情的畜牧业发展道路。每头牛育肥约需秸秆 1 t，可生产粪肥约 10 t，牛粪肥田，形成完整的秸秆利用良性循环系统，同时增加农民的收入。秸秆氨化养羊、蔬菜、藤蔓类秸秆直接喂猪，猪粪经发酵后喂鱼或直接还田，均属于秸秆间接还田的利用方式。

（4）菇渣还田。利用作物秸秆培育食用菌，然后再经菇渣还田，经济、社会、生态效益几者兼得。在蘑菇栽培中，以 111 m² 计算，培养料需优质麦草 900 kg、优质稻草 900 kg；菇棚盖草又需 600 kg，育菇结束后，与施用等量的化肥相比，一般增产稻麦 10.2%～12.5%，增产皮棉 10%～20%，不仅节省了成本，同时对减少化肥污染、保护农田生态环境也有积极的意义。

（5）沼渣还田。秸秆发酵后产生的沼渣、沼液是优质的有机肥料，其养分丰富。腐殖酸含量高，肥效缓速兼备，是生产无公害产品、有机食品的良好选择。一口 8～10 m³ 的沼气池年产沼肥 20 m³，连年沼渣还田的试验表明：土壤容重下降，孔隙度增加，土壤的理化性状得到改善。保水保肥能力增强；同时，土壤中有机质含量提高 0.2%，全氮提高 0.02%，全磷提高 0.03%，平均提高产量 10%～12.8%。

3. 秸秆腐熟还田技术 利用生化快速腐熟技术制造优质有机肥，是一种应用于 20 世纪90年代的国际先进生物技术，将秸秆制造成优质生物有机肥的先进方法，在国外已实现产业化。其特点是：采用先进技术培养能分解粗纤维的优良微生物菌种，生产出可加快秸秆腐热的化学制剂，并采用现代化设备控制温度、湿度、数量、质量和时间，经机械翻抛、高温堆腐、生物发酵等过程，将农业废弃物转换成优质有机肥。它具有自动化程度高（生产设备1人即可操纵）、腐热周期短（4～6周）、产量高（一台设备可年产肥料2万～3万t），无环境污染（采用发酵，无恶臭气味）、肥效高等特点。

（1）催腐剂堆肥技术。催腐剂就是根据微生物中的钾细菌、氨化细菌、磷细菌、放线菌等有益微生物的营养要求，以有机物（包括作物秸秆、杂草、生活垃圾）为培养基，选用适合有益微生物营养要求的化学药品制成定量氮、磷、钾、钙、镁、铁、硫等营养的化学制剂，有效地改善了有益微生物的生态环境，加速了有机物分解腐烂。该技术在玉米、小麦秸秆的堆沤中应用效果很好，目前在我国北方一些省市开始推广。

（2）秸秆催腐方法。选择靠水源的场所、地头、路旁平坦地。堆腐1t秸秆需用催腐剂1.2 kg，1 kg催腐剂需用80 kg清水溶解。先将秸秆与水按1∶1.7的比例充分湿透后，用喷雾器将溶解的催腐剂均匀喷洒于秸秆中，然后把喷洒过催腐剂的秸秆堆成宽1.5 m、高1 m左右的堆垛，用泥密封，防止水分蒸发、养分流失，冬季为了缩短堆腐时间，可在泥上加盖薄膜提温保温（厚约1.5 cm）。

使用催腐剂堆腐秸秆后，能加速有益微生物的繁殖，促进其中粗纤维、粗蛋白质的分解，并释放大量热量，使堆温快速提高，平均堆温达54 ℃。不仅能杀灭秸秆中的致病真菌、虫卵和杂草种子，加速秸秆腐解，提高堆肥质量，使堆肥有机质含量比碳铵堆肥提高54.9%、速效氮提高10.3%、速效磷提高76.9%、速效钾提高68.3%，而且能使堆肥中的氨化细菌比碳铵堆肥增加265倍、钾细菌增加1 231倍、磷细菌增加11.3%、放线菌增加5.2%，成为高效活性生物有机肥。试验证明，每公顷田施3 750 kg秸秆堆肥能有效地改善土壤理化性状，培肥地力，大幅度地增加土壤有效微生物群落，保证作物各生育期所需养分，解决土壤板结。凡是施用催腐剂堆肥的农作物根系发达，秆株粗壮，抗倒伏，总茎数增加，成熟期提前。经试验，施用催腐剂的小麦平均比施碳铵堆肥增产19%、玉米增产15%、花生增产15%；投入产出比分别为1∶17.4、1∶16.2、1∶24.3，经济效益显著。

（3）速腐剂堆肥技术。秸秆速腐剂是在"301"菌剂的基础上发展起来的，由多种高效有益微生物和数十种酶类以及无机添加剂组成的复合菌剂。将速腐剂加入秸秆中，在有水的条件下，菌株能大量分泌纤维酶，能在短期内将秸秆粗纤维分解为葡萄糖，因此施入土壤后可迅速培肥土壤，减轻作物病虫害，刺激作物增产，实现用地养地相结合。实际堆腐应用表明，采用速腐剂腐烂秸秆，高效快速，不受季节限制，且堆肥质量好。

秸秆速腐剂一般由两部分构成。一部分是以分解纤维能力很强的腐生真菌等为中心的秸秆腐熟剂，质量为500 g，占速腐剂总数的80%。它属于高湿型菌种，在堆沤秸秆时能产生60 ℃以上的高温，20 d左右将各类秸秆堆腐成肥料。另一部分是由固氮、有机、无机磷细菌和钾细菌组成的增肥剂，质量为200 g（每种菌均为50 g），它要求30～40 ℃的中温，在翻捣肥堆时加入，旨在提高堆肥肥效。

（4）秸秆速腐方法。按秸秆重的 2 倍加水，使秸秆湿透，含水量约达 65%，再按秸秆重的 0.1% 加速腐剂，另加 0.5%～0.8% 的尿素调节 C/N 值，也可用 10% 的人畜粪尿代替尿素。堆沤分三层，第一层、第二层各厚 60 cm，第三层（顶层）厚 30～40 cm，速腐剂和尿素用量比自下而上按 4∶4∶2 分配，均匀撒入各层，将秸秆堆垛（宽 2 m，高 1.5 m），堆好后用铁锹轻轻拍实，就地取泥封堆并加盖农膜，以保水、保温、保肥，防止雨水冲刷。此法不受季节和地点限制，干草、鲜草均可利用，堆制的成肥有机质可达 60%，且含有 8.5%～10% 的氮、磷、钾及微量元素，主要用作基肥，一般每亩施用 250 kg。

4. 酵素菌堆肥技术　酵素菌是由能够产生多种酶的好（兼）氧细菌、酵母菌和霉菌组成的有益微生物群体。利用酵素菌产生的水解酶的作用，在短时间内，可以把作物秸秆等有机质材料进行糖化和氮化分解，产生低分子的糖、醇、酸，这些物质是土壤中有益微生物生长繁殖的良好培养基，可以促进堆肥中放线菌的大量繁殖，从而改善土壤的微生态环境，创造农作物生长发育所需的良好环境。利用酵素菌把大田作物秸秆堆沤成优质有机肥后，可施用于大棚蔬菜、果树等经济价值较高的作物。

堆腐材料有秸秆 1 t，麸皮 120 kg，钙镁磷肥 20 kg，酵素菌扩大菌 16 kg，红糖 2 kg，鸡粪 400 kg。堆腐方法是：先将秸秆在堆肥池外喷水湿透，使含水量达到 50%～60%，依次将鸡粪均匀铺撒在秸秆上，麸皮和红糖（研细）均匀撒到鸡粪上，钙镁磷肥和扩大酵素菌均匀搅拌在一起，再均匀撒在麸皮和红糖上面；然后用叉拌匀后，挑入简易堆肥池里，底宽 2 m 左右，堆高 1.8～2 m，顶部呈圆拱形，顶端用塑料薄膜覆盖，防止雨水淋入。

（三）秸秆青贮饲料化技术

1. 青贮方式　秸秆饲料青贮方式根据青贮设备设施不同，可以分为地上堆贮法、窖内青贮法、水泥池青贮法、土窖青贮法等。

（1）地上堆贮法。选用无毒聚乙烯塑料薄膜，制成直径 1 m、长 1.66 m 的口袋，每袋可装切短的玉米秸 250 kg 左右。装料前先用少量沙料填实袋底两角，然后分层装压，装满后扎紧袋口堆放。这种青贮法的优点是费工少、成本低、方法简单、取喂方便，适宜一家一户储存。

（2）窖内青贮法。首先挖好圆形窖，将制好的塑料袋放入窖内，然后装料，原料装满后封口盖实。这种青贮方法的优点是塑料袋不易破损、漏气、进水。

（3）水泥池青贮法。在地下或地面砌水泥池，将切碎的青贮原料装入池内封口。这种青贮法的优点是池内不易进气进水，经久耐用，成功率高。

（4）土窖青贮法。选择地势高、土质硬、干燥朝阳、排水容易、地下水位低、距畜舍近、取用方便的地方，根据青贮量挖一长方形或圆形土窖，底和周围铺一层塑料薄膜，装满青贮原料后，上面再盖塑料薄膜封土。不论长方形窖，还是圆形窖，其宽或直径不能大于深度，便于压实。这种青贮方法的优点是储存量大、成本低、方法简单。

2. 调制方法

（1）原料含水率的调节。一般情况下，青贮技术对原料的含水率要求在 70% 左右，原料含水率过低，不易压实，内有空气，易引起霉败；原料含水率过高，则可溶性营养物质易渗出流失，影响青贮的品质。在操作中对含水过高的原料可适当晾晒，或混入适量含水较少的原料；水分偏低时，可均匀喷洒适量的清水或混入一些多汁饲料。

（2）收贮、切短、压实、密封和管理。原料的适时收储对青贮饲料的营养品质影响很大。一般专用于青贮的玉米，要求在乳熟期后期收割，将茎叶与玉米果穗一起切碎进行青贮；需要收籽粒的玉米，要求在腊熟期后割取上半部茎叶青贮。原料一定要切碎，越碎越好。一般的，玉米秸秆长度不超过 2～3 cm，山芋秧长度不超过 4～5 cm。这样易于压实，并能提高青贮袋、窖的利用率。同时，切碎后渗出的汁液中有一定量的糖分，利于乳酸菌迅速繁殖发酵，便于提高青贮饲料的品质。青贮原料时要分层压紧踩实，以便迅速排出原料空隙间存留的空气，防止发酵失败。

3. 青贮饲料添加剂　目前，生产中常用的青贮饲料添加剂主要包括以下几种。

（1）氨水和尿素。氨水和尿素是较早用于青贮饲料的一类添加剂，适用于青贮玉米、高粱和其他禾谷类。添加后可增加青贮饲料的粗蛋白质含量，抑制好氧微生物的生长，而对反刍家畜的食欲和消化机能无不良影响。青贮时尿素用量一般为 0.3%～0.5%。

（2）甲酸。甲酸是很好的有机酸保护剂，可抑制芽孢杆菌及革兰氏阳性菌的活动，减少饲料营养损失。经试验证明，它能使青贮饲料中 70% 左右的糖分保存下来，使粗蛋白质损失率减少。添加 1%～2% 的甲酸制成的青贮料，颜色鲜绿，香味浓，用其喂奶牛、犊牛，日增重可有显著提高。

（3）丙酸。丙酸对霉菌有较好的抑制作用。在品质较差的青贮饲料中加入 0.5%～6% 丙酸，可防止上层青贮饲料的腐败。如同时添加甲酸和丙酸，青贮效果就更好。一般每吨青贮饲料须添加 5 kg 甲酸、丙酸混合物（甲酸、丙酸比为 30：70）。

（4）稀硫酸、盐酸。加入这两种酸的混合物，能迅速杀灭青贮饲料中的杂菌，降低青贮饲料的 pH，并使青贮饲料变软，有利于家畜消化吸收。此外，还可使青贮饲料易于压实，增加储量；使青贮物很快停止呼吸作用，从而提高青贮成功率。方法是：用 30% 盐酸 92 份和 40% 硫酸 8 份配制成原液，使用时将原液用水稀释 4 倍。每吨原料加稀释液 50～60 kg。配制原液时要注意安全。

（5）甲醛。甲醛能抑制青贮过程中各种微生物的活动。青贮料中加入甲醛后，发酵过程中基本没有腐败菌，青贮料中氨态氮和总乳酸量显著下降，用其饲喂家畜，消化率就较高。甲醛的一般用量为 0.7%，如同时添加甲酸和甲醛（1.5% 的甲酸和 1.5%～2% 的甲醛）效果更好。用此法青贮含水量多的幼嫩植株茎叶效果最好。

（6）食盐。青贮原料水分含量低、质地粗硬、细胞液难以渗出，加入食盐可促进细胞液渗出，有利于乳酸菌发酵。添加食盐还可以破坏某些毒素，提高饲料适口性。添加量为 0.3%～0.5%。

（7）糖蜜。糖蜜是制糖工业副产物，其含糖量为 5% 左右。在含糖量少的青贮原料中添加糖蜜，增加可溶性糖含量，有利于乳酸菌发酵，减少饲料营养损失，提高适口性。添加量一般为 1%～3%。

（8）活干菌。用活干菌微贮秸秆是近年来有些地方使用的一种青贮新方法。添加活干菌处理秸秆可将秸秆中的木质素、纤维素等酶解，使秸秆柔软，pH 下降，有害菌活动受到抑制，糖分及有机酸含量增加，从而提高消化率。用量为每吨秸秆添加活干菌 3 g。处理前，先将 3 g 活干菌倒入 2 kg 水中充分溶解，常温下放置 1～2 h 复活，然后将其倒入 0.8%～1% 食盐水中拌匀，微贮时将菌液均匀喷洒到秸秆。以后按常规处理。

青贮中所用添加剂根据作用效果不同一般分为四种：发酵促进剂、发酵抑制剂、营养性添加剂和防腐剂，如表 7-1 所示。

表 7-1　青贮添加剂主要种类

发酵促进剂		发酵抑制剂		营养性添加剂		防止好氧腐败剂	
菌类	碳水化合物来源	酶制剂	酸	其他	非蛋白氮	矿物质	丙酸
乳酸菌	葡萄糖	纤维素酶	无机酸	甲醛	氨水	碳酸钙	乙酸
	蔗糖		甲酸	对甲酸	尿素	磷钙镁	山梨酸氨
	糖蜜		乙酸	硝酸钠			
	谷类		乳酸	二氧化硫			
	乳清		苯甲酸	偏硫酸钠			
	萝卜渣		丙烯酸	二硫酸铵			
	秸渣		甘氨酸	氯化钠			
	马铃薯		苹果酸	抗生素			
			山梨酸	二氧化铁			

第二节　生活污水处理利用

一、污水收集与处理模式

(一) 污水收集

农村生活污水收集宜采用雨污分流，雨水就近排入村庄水系，污水送至污水处理厂进行集中处理或分散就地处理。

雨水排放可根据当地条件，采用明沟或暗渠收集方式；充分利用地形，及时就近排入池塘、河流或湖泊等水体，并应定时清理维护，防止被生活垃圾、淤泥等堵塞。

污水宜采用暗渠或管道收集。粪便污水、养殖业污水应经化粪池、沼气池等进行无害化处理，作为液体肥料直接灌溉农田，或者经村庄污水处理站深度处理后达标排放；不便收集的应采取措施就地分散处理。

(二) 污水处理模式

农村生活污水处理主要有三种处理模式。

1. 纳管模式　有条件且位于城镇污水处理厂服务范围内的永久性村庄，原则上采用纳管模式，应建设和完善污水收集系统，将污水纳入到城镇污水处理厂进行统一处理后排放，一次性解决问题。

2. 集中收集处理模式　位于城镇污水处理厂服务范围外且居民点相对集中的村庄，应尽量建设集中污水处理站。村民所排放的生活污水、生产废水等通过污水收集系统自流至污水处理站，集中处理后达标排放或用于灌溉等。村内住户相对集中且户数在 60 户以上的适合采用集中处理模式。

3. 分散处理模式 位于城镇污水处理厂服务范围外且农户数量较少、居住相对分散的自然村落（60 户以下），宜采用分散处理模式。这种模式的典型情况为独户或数户联用一个小型污水处理设施，该模式的最大特点是污水收集容易、费用低。

二、污水生态处理技术选择与分类

（一）技术选择原则

1. 推荐采用生态组合处理技术，主要通过资源化利用方式去除污水中的氮和磷。

2. 尽量选用已经有成功先例的技术，尤其是本地区进行过示范并获成功的技术。

3. 所选技术须符合本地区农村环境状况、污染特点、用排水情况，同时考虑村民意向以及自然环境、地势地貌等因素。

4. 所选技术工艺简洁，运行稳定，便于管理。

5. 尽量选用投资少，运行费用低或无运行费用，处理效果好的技术。

6. 技术选择应具可操作性、实用性，效益显著，利于当地经济、环境的可持续发展。

（二）处理系统分类

农村生活污水处理系统根据村庄地理位置、分布情况以及处理水量的不同，可以分为以下 4 类。

1. 庭院处理系统（水量≤1 m³/d），服务人口 15 人以下，服务家庭数 1～5 户。

2. 小型分散处理系统（1 m³/d＜水量≤10 m³/d），服务人口 15～150 人，服务家庭数 5～40 户。

3. 相对集中处理系统（10 m³/d＜水量≤300 m³/d），服务人口 150～5 000 人，服务家庭数 40～1 500 户。

4. 集中处理系统（300 m³/d＜水量≤2 000 m³/d），服务人口 5 000～30 000 人，服务家庭数 1 500～10 000 户。

针对不同类别的特点和排放要求，选择不同的农村生活污水处理技术（表 7 - 2）。

表 7 - 2 不同处理模式下农村生活污水处理技术

序号	服务范围	处理量（Q）	类别	工艺技术	排放标准	适用条件
1	1～5 户；3～15 人	Q≤1 m³/d	庭院处理系统	庭院式人工湿地	污水综合排放二级标准	有可利用空闲地
2	5～40 户；15～150 人	1 m³/d＜Q≤10 m³/d	小型分散处理系统	稳定塘	污水综合排放二级标准	有可利用空闲地
3				土壤渗滤处理系统	城镇污水处理厂一级标准	有可利用空闲地
4				分散式处理设备	城镇污水处理厂二级标准	无可利用空闲地

（续）

序号	服务范围	处理量（Q）	类别	工艺技术	排放标准	适用条件
5	40～1 500 户；150～5 000 人	10 m³/d＜Q≤300 m³/d	相对集中处理系统	复合厌氧-人工湿地	城镇污水处理厂一级标准	有可利用空闲地
6				复合生物滤池-人工湿地	城镇污水处理厂一级标准	有可利用空闲地
7				接触水解池-多级（跌水）生物滤池	城镇污水处理厂一级标准	村庄地形坡度较大
8	1 500～10 000 户5 000～30 000 人	300 m³/d＜Q≤2 000 m³/d	集中处理系统	复合厌氧-接触氧化	城镇污水处理厂一级标准	无可利用空闲地

在实际应用时，根据各村落不同条件，选用适宜技术，集中处理与分散处理相结合，实现全流域生活污水高效处理和资源综合利用。

污水处理站出水应符合现行国家标准《城镇污水处理厂污染物排放标准》GB 18918 的有关规定，污水处理站出水用于农田灌溉时，应符合现行国家标准《农田灌溉水质标准》GB 5084 的有关规定。

三、农村生活污水处理实用技术

（一）化粪池预处理技术

1. 技术介绍 化粪池是一种利用沉淀和厌氧微生物发酵的原理，以去除粪便污水或其他生活污水中悬浮物、有机物和病原微生物为主要目的的污水初级处理设施。

污水通过化粪池的沉淀作用可去除大部分悬浮物（SS），通过微生物的厌氧发酵作用可降解部分有机物（COD 和 BOD5），池底沉积的污泥可用作有机肥。通过化粪池的预处理可有效防止管道堵塞，也可有效降低后续处理单元的污染负荷。

2. 简单结构 化粪池根据建筑材料和结构的不同主要分为砖砌化粪池、钢筋混凝土化粪池和玻璃钢化粪池等。根据池子形状可以分为矩形化粪池和圆形化粪池，一般为三格式。见图 7-5 三格化粪池结构。

3. 注意事项 可根据当地气候和工期要求，购买预制成品化粪池安装，或现场建造化粪池。预制成品化粪池有效容积为 2.0～

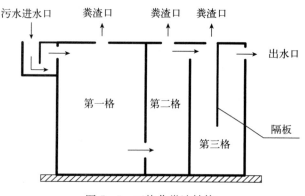

图 7-5 三格化粪池结构

100 m³，应根据当地处理水量、地下水位、地质条件等具体情况，参照《给水排水标准图集》S2 中相关内容，选择相应型号的预制成品化粪池。成品化粪池的加工在生产厂家完成,其现场安装和施工工序主要包括:开挖坑槽、安装化粪池、分层回填土、砌清掏孔和砌连接井。

由于化粪池易产生臭味,现场建造化粪池最好建成地埋式,并采取密封防臭措施。若周围环境容许溢出,且地质条件较好,土壤渗滤系数很小,则可采取砖砌化粪池。若当地地质条件较差,如山区、丘陵地带,临近河流、湖泊或道路,则建议采取钢筋混凝土化粪池,对池底、池壁进行混凝土抹面避免化粪池污水渗漏污染周边土壤和地下水,同时配套安装 PVC 或混凝土管道。

(二)沼气净化池技术

1. 技术介绍 农村生活污水沼气净化池是采用"多级分流、分级处理、逐段降解"的方法,使农村污水达标排放。池型分为前处理区和后处理区。前处理区分为厌氧发酵区,由两个或多个串联的沼气池组成,作用是分解污水中的有机物,灭除寄生虫卵、病原菌等,减少污泥积累;后处理区为好氧过滤区,为四级折流式生物滤池,主要功能是利用填料固着微生物,进一步降解废水中的有机物、悬浮物等。处理后出水用于农田灌溉或水产养殖等。

2. 简单结构 依据原料来源方式的不同可将农村污水净化池分为合流制和分流制两种工艺。

(1)合流制工艺。合流制工艺是将农村污水经过格栅去除粗大固体后,再经过沉沙处理,然后进入前处理区,原料在这里在微生物作用下进行厌氧发酵,并逐步向后流动,上层清液继续向后流动进入厌氧滤器部分,在这里附着于填料上的生物膜中的微生物将污水进一步厌氧消化,生成的污泥和悬浮固体在该区的后半部分沉降并沿倾斜的池底面滑回前部,再与新进入污水混合后进行发酵,经过水压间过滤,然后溢流入后处理区。后处理区为三级折流式兼性池,与大气相通,上部装有泡沫过滤板拦截悬浮固体,以提高出水水质。各级池体的形状,可根据工程地点条件选用圆形、方形和长方形等,后处理池内也可适当加入填料,各池的排列方式可根据地形条件灵活安排。合流制农村污水净化池的工程原理图如图 7-6 所示。

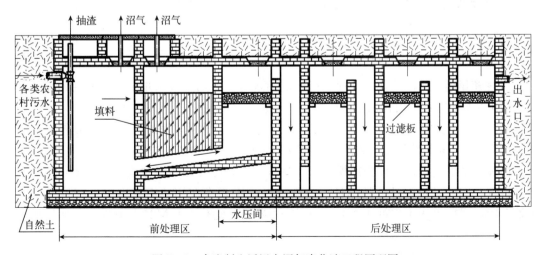

图 7-6 合流制生活污水沼气净化池工程原理图

污水中的有机物是厌氧微生物生长繁殖所需要的营养物质。在前处理区，污水在不同厌氧微生物的作用下，经过一系列复杂的降解反应，将污水中绝大部分有机物转化成一种优质能源——沼气。在前处理区，未被完全消化的有机物继续进入后处理区，再经过几个阶段的消化反应，最终主要生成二氧化碳和水。在后处理区，好氧微生物需要额外补充较多的能量来消化有机物，进而繁殖形成新细胞，所产的污泥量也会增多，是厌氧条件下的6～10倍。

（2）分流制工艺。分流制工艺是将农村污水 x 经过格栅去除粗大固体后，再经过沉沙处理，然后进入前处理Ⅰ区，原料在这里在微生物作用下进行厌氧发酵，并逐步向后流动，进入厌氧滤器部分，在这里附着于填料上生物膜中的微生物将污水进一步厌氧消化，生成的污泥和悬浮固体在该区的后半部分沉降并沿倾斜的池底面滑回前部，再与新进入污水混合进行发酵，经过水压间过滤，然后上层清液则溢流入前处理Ⅱ区，在这里与污水 y 混合（进料浓度选配原则：x＞y），重复前处理Ⅰ区的消化过程，然后溢流入后处理区，进行好氧处理。前处理Ⅰ区和前处理Ⅱ区都是经过改进的水压式沼气池，后处理区为二级折流式兼性池，也与大气相通，结构与合流制工艺后处理区相类似。分流制工艺具有对不同来源，不同浓度农村污水分类处理的独特能力。分流制农村污水净化池工程原理图如图 7-7 所示。

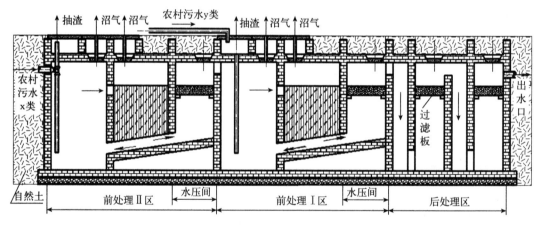

图 7-7　分流制农村污水净化池工程原理图

3. 注意事项　采用该技术处理农村生活污水时，要熟悉技术规范，农村污水净化池的施工和安装要参照《农村家用水压式沼气池施工操作规程》（GB 4752—1984）、《混凝土结构工程施工验收规范》（GB 50204—2015）、《给排水构筑物施工及验收规范》（GB J141—2008）、《农村家用沼气管路设计规范》（GB 7636—1987）的标准要求。

农村污水沼气净化池作为地埋式污水处理系统，主要以砖混结构为主，当使用混凝土材料时，应满足抗渗性、抗冻性、抗腐蚀性，工程中使用砖石材料时，砖应使用普通黏土砖，强度等级不应低于 MU7.5；石料强度等级不低于 M20；砌筑砂浆要使用水泥砂浆。

农村污水沼气净化池一般采用砖砌墙体，如采用钢筋混凝土墙体，其钢筋为受力钢筋,保护层厚度一般应大于30 mm,农村污水净化池通常在后处理区设置滤料,以增强处理效果。滤料分为软滤料和硬滤料两种。软滤料有聚氨酯泡沫滤、棕垫等种类,硬滤料有活性炭、无烟煤、炉渣等,综合造价和使用效果以及管理维护等因素,农村污水净化沼气池一般采用聚氨酯泡沫板作为滤料。

(三)人工湿地处理技术

1. 技术介绍 人工湿地是通过模拟和强化自然湿地功能,将污水有控制地投配到土壤(填料)经常处于饱和状态且生长有芦苇、香蒲等水生植物的土地上,污水沿一定方向流动的过程中,在耐水植物和土壤(填料)的物理、化学和生物的三重协同作用下,污水中有机物通过过滤、根系截留、吸附、吸收和植物光合、输氧作用,促进兼性微生物分解来实现对污水的高效净化。

人工湿地按水流方式可分为潜流湿地和漫流湿地。潜流湿地是在填料床表层面上栽种耐水,且根系发达的植物,污水经格栅池、沉淀池预处理后进入湿地床,以潜流方式流过滤料,污水中有机质被碎石滤料和植物根系拦截吸附过滤,被微生物与植物根营养吸收、分解使污水获得净化。漫流湿地(又称自由水面湿地)是污水进入湿地后,在湿地表面维持一定厚度水层,水流呈推流前进,形成一层地表水流,并从地表出流。污水中有机物经沉淀,根系拦截、吸附、吸收、分解而获净化的。按水流方向可将人工湿地分为水平流湿地床和垂直流湿地床。垂直流湿地床的水流通过导流管或导流墙的引导,在湿地床内上下流动,多个垂直流湿地床串联起来称之多级垂直流湿地。水平流湿地床的水流是按一定方向水平流动。在实际过程中有时将垂直流湿地床与水平流湿地床组合起来使用,这种湿地床称为组合式湿地床。垂直流湿地床较水平流湿地床负荷高。

2. 简单结构 人工湿地是一种通过人工设计、改造而成的半生态型污水处理系统,主要由土壤基质、水生植物和微生物三部分组成。人工湿地的优点:投资费用低,运行费用低,维护管理简便,水生植物可以美化环境,增加生物多样性。人工湿地的不足之处是其污染负荷低,占地面积大,设计不当容易堵塞,处理效果受季节影响,随着运行时间延长除磷能力逐渐下降。人工湿地的适用范围:尤其适用对于资金短缺、土地面积相对丰富的农村地区,不仅可以治理农村水污染、保护水环境,而且可以美化环境,节约水资源。人工湿地主要适用于单户或几户规模的分散型农村生活污水处理。常见的人工湿地示意图见图7-8至图7-10。

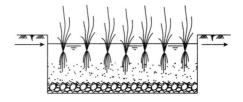

图7-8 表流人工湿地示意图

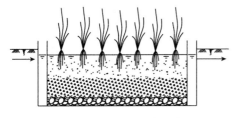

图7-9 潜流人工湿地示意图

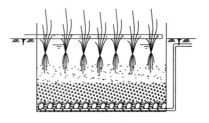

图7-10 垂直流人工湿地结构示意图

3. 注意事项 人工湿地在建设过程中涉及的建筑材料主要包括砖、水泥、砂子、碎石、土壤等。人工湿地的施工主要包括土方的挖掘、前处理系统的修建、土工防渗膜的铺装、布水管道的铺设、基质材料的填装、土壤的回填和植物的种植。在施工过程中要合理安排施工顺序，严格按照湿地设计中配水区、处理区和出水集水区中各种基质材料的粒径大小，分层进行施工。

人工湿地表层一般种植喜阳的水生植物，因此应建设在能被阳光直射的空旷的地方。在山区或丘陵可建成多级呈阶梯状的人工湿地，采取多级跌水充氧，与植物复氧一起，共同为湿地补充溶解氧。

(四) 厌氧-人工湿地组合处理技术

1. 技术介绍 厌氧-人工湿地生活污水组合处理技术充分吸收厌氧处理技术和人工湿地处理技术在处理生活污水方面的优点，因此厌氧-人工湿地处理技术是一种组合技术。

厌氧池-人工湿地技术利用原住户的化粪池作为一级厌氧池，通过多级厌氧池对污水中的有机污染物进行多级消化后进入人工湿地，污染物在人工湿地内经过滤、吸附、植物吸收及生物降解等作用得以去除。厌氧池-接触氧化-人工湿地技术是在厌氧池-人工湿地技术上进行的改进，通过在厌氧池后增加接触氧化工艺段，提高氮磷的去除率。

2. 简单结构 厌氧池可利用现有三格式化粪池、净化沼气池改建。该技术工艺和结构相对简单，无动力损耗，维护管理方便。厌氧-人工湿地处理组合处理技术流程图和结构图详见图 7-11、图 7-12。

图 7-11 厌氧-人工湿地组合处理技术流程图

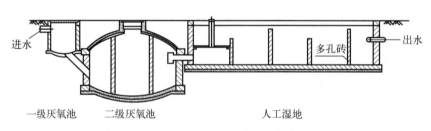

图 7-12 厌氧-人工湿地组合处理技术示意图

3. 注意事项 厌氧-人工湿地组合处理技术适用于农村生活污水集中处理、农村农产品深加工废水处理以及农村畜禽养殖废水的处理，也适用于中小城镇、农村城镇化试点区及大城市周边未连入市政排污管道生活小区的生活污水的分散处理，同样适用于一些宾馆、别墅区的生活污水处理。

利用厌氧-人工湿地组合处理技术处理农村污水一般处理规模在每天 1 000 m^3 以内。

因此要确定处理规模和工程规格，首先要明确农村污水产生量。农村生活污水的排放量一般是按 80～120 L/(人·d) 计算，确定污水排放量。

污水排放量确定下来以后，根据厌氧停留时间和污水的实际水质状况来计算工程各部分的规格。厌氧段停留时间一般为 24～48 h，这样才能保证人工湿地负荷不至于过大。人工湿地停留时间一般在 48 h 以上，考虑到占地面积要小，一般人工湿地停留时间设计为 48～72 h。

人工湿地除了要占一定面积的土地以外，还要有一定的深度，人工湿地的深度一般为 1～1.5 m，综合计算工程的有效容积，包括厌氧处理部分总有效容积和人工湿地总有效容积，人工湿地有效容积根据填料空隙大小进行估算。

第三节　生活垃圾处理利用

随着社会和经济的发展，农村的面貌和农民的生活水平都有了很大的改善和提高，但是农村的环境问题也日益严重，其中农村生活垃圾问题尤为突出。我国农村居住形式比较分散，缺乏垃圾分类收集以及处理设施，大量垃圾容易被随意丢弃，是造成径流污染的重要来源之一。随着美丽乡村建设的开展，国家越来越重视农村生活垃圾的治理，为实现农村生活垃圾的减量、无害化处理和资源化利用，在垃圾的分类收集以及处理技术方面开展了大量研究，本节就农村生活垃圾主要的分类收集方式以及主要处理技术进行简要地介绍。

一、生活垃圾分类收集

（一）生活垃圾的分类

垃圾分类是实现垃圾减量化、资源化、无害化的前提。源头分类收集是实现生活垃圾减量化、资源化的重要环节。农村生活垃圾的主要成分是厨房废弃物（如菜叶、蛋壳、瓜果皮壳、废弃的食物）、家畜粪便、灰土、碎玻璃、碎瓦片、废纸、废塑料、废电池及其他废弃的生活用品等。由于农村各地区经济条件、资源状况和农民生活习惯及生活方式等的差异，生活垃圾的构成也不尽相同。按照由粗到细、由简到难的原则，对生活垃圾从源头进行不分类、粗分类以及细分类，则垃圾分类方式为：

方式 1：生活垃圾分为有毒有害垃圾（废电池和化学药品等）和其他垃圾，即混合收集、集中分拣。

方式 2：生活垃圾分为可回收垃圾（纸、塑料、金属、玻璃、橡胶等）、不可回收垃圾（厨余垃圾、花草、土灰等）和有毒有害垃圾。

方式 3：生活垃圾分为有机垃圾（厨余废弃物、家畜粪便、树枝花草等堆沤植物等）、无机垃圾（由不可被微生物分解的无机物组成，包括橡胶制品、灰土、煤渣、碎瓦片等）、废品（具有回收价值和循环再利用的废物，包括纸类、废塑料、玻璃瓶、金属等）和有害垃圾（废电池、废灯管、过期药品等）。

（二）生活垃圾的收集

农村生活垃圾的收集是指垃圾从产生源（农户）经村民或保洁人员投至垃圾运输车清

运点的过程。垃圾收集是垃圾收运过程中的重要环节，包括垃圾收集方式、收集容器和收集工具的确定。

1. 垃圾收集方式 农村生活垃圾种类众多，根据生活垃圾是否经人工处理，将收集方式分为混合收集和分类收集两种。混合收集操作简单，投入低，配套设施少，但资源浪费和环境污染最为严重（王桂琴，2008）。分类收集操作较复杂，对全程管理要求较高，但可作为垃圾前端处理，是实现垃圾减量化、资源化、无害化的关键（管冬兴，2008）。两种收集方式对比见表7-3。

表7-3 混合收集和分类收集优缺点对比

项 目	混合收集	分类收集
配套环卫设施要求	使用设施少，垃圾容器一种规格	使用设施多，按分类类别需多种垃圾容器；处理设施投入大
操作管理	操作简单易行，所有垃圾混杂一起	操作较复杂，须经宣传教育才能正确分类
减量化、资源化程度	无减量、资源浪费	有效减量、资源化程度高
运输成本	垃圾量大，运输成本高	垃圾分类后减量化程度高，运输成本低
环境效益	填埋量高，对环境负荷大	分类收集利用，对环境友好

2. 收集方法 无论生活垃圾是混合收集还是分类收集，都需要通过一定的方法来实现。农村地区环卫资金投入不足，环卫基本设施建设不足，收集方法较为单一，主要分为以下几种（曾建萍，2009）。

第一，保洁员上门收集。此收集方法常用于实现了生活垃圾收运市场化操作的农村地区。农户将垃圾袋装后放在家门口或路边，由保洁公司的保洁员采用人力收集车或电动收集车将垃圾按时收集至运输车路线上垃圾中转点。此种方法适用于资金较充裕、人口密度相对较高、地形较平坦的农村地区。

第二，农户自主收集。由农户自主将生活垃圾投入垃圾桶，垃圾可袋装或是用垃圾桶装后直接倾倒至垃圾点。此收集方法通常适用于垃圾收运未能实现市场化操作或市场化程度不高的、人口密度偏低、经济状况较落后的丘陵山地农村地区。

第三，保洁员上门收集与农户自主收集相结合。农户自主将垃圾投放至室外垃圾桶，再由保洁员将垃圾桶垃圾转运到运输车路线旁的垃圾收集点。此种收集方法常用于路网相对不发达已实行垃圾收运市场化操作的经济较发达山区。

3. 收集容器 农村生活垃圾收集容器是指盛放各类农村生活垃圾的专用或临时器具，包括垃圾产生源和垃圾收集点的收集容器。垃圾产生源所用垃圾收集容器包括垃圾袋、家用垃圾桶以及室外垃圾桶。垃圾收集点所用垃圾收集容器包括垃圾屋、敞口垃圾池以及垃圾屋与垃圾桶相结合，其具体特点见表7-4（曾建萍，2009）。

表 7-4 垃圾容器分类

种 类		特 点
垃圾产生源	垃圾袋	一次性用品，通常套于垃圾桶内，装满后随垃圾一起丢弃
	家用垃圾桶	装满后将垃圾袋取走即可，也可直接盛放垃圾，装满后将垃圾倾倒至垃圾点
	室外垃圾桶	常与垃圾运输车配套使用，机械化操作，节省人力，清运时须人力操作
垃圾收集点	垃圾屋	垃圾容量大，服务面积广，清运时须人力操作
	敞口垃圾池	雨淋日晒，易发臭滋生蚊蝇，清运须人力操作
	垃圾屋＋垃圾桶	卫生条件较好，垃圾清运时机械化操作，节省人力

垃圾容器按材质不同，分为塑料、金属、复合材料等；按容量可分为小型、中型和大型；按形状分为圆形、方形、不规则形状等；按密封性能又分为敞口式、带盖式；按能否移动分为可移动式和固定式。在农村地区，农户家里的收集容器通常包括垃圾袋、小型塑料垃圾桶，而在收集点则通常是和垃圾运输车配套的可移动金属垃圾桶、固定式砖瓦结构垃圾屋或垃圾池。

垃圾收集容器的选择方法，可以遵循以下几点：收集容器的容积既满足垃圾产量的需要，也不能超过 3～5 d 的储存期，以防垃圾腐败恶臭，滋生蚊蝇，传播病菌；密闭以防雨淋日晒，减少恶臭散发；同时须操作方便、经济耐用、外观简洁。

4. 收集机具 从垃圾产生源到垃圾收集点所用到的收集机具。受道路及地形限制，农村地区收集机具较为简陋，常用的有小型汽车、电力三轮车、人力三轮车和手推三轮车。电动三轮车及人力三轮车常用于地形较平缓的低丘平原地区，而在地形起伏大的山区，常用手推三轮车（曾建萍，2009）。

（三）农村生活垃圾分类收集处理模式

根据农村生活垃圾源头分类方式，是否进行二次分拣以及分拣方式，农村垃圾分类收集处理模式可主要分为三种：生活垃圾源头简单分类收集处理模式（图 7-13）、生活垃圾粗分类收集处理模式（图 7-14）、生活垃圾细致分类收集处理模式（图 7-15），具体模式流程图如下。

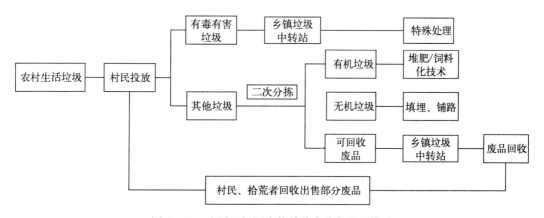

图 7-13 生活垃圾源头简单分类收集处理模式

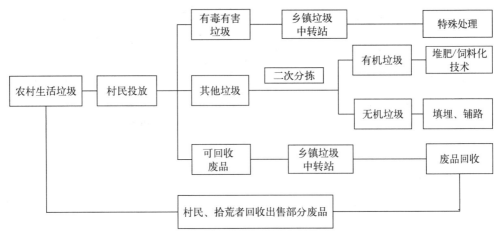

图 7-14 生活垃圾源头粗分类收集模式

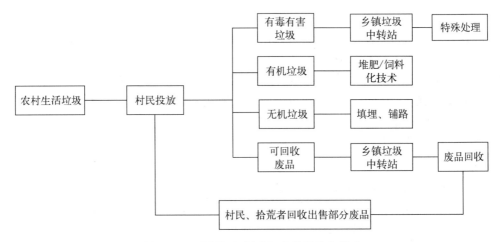

图 7-15 生活垃圾源头细致分类收集模式

二、有机垃圾高效堆肥

堆肥技术是指在一定的水分、温度和氧气条件下通过微生物的发酵作用，使易腐的有机物不断被分解和稳定，并转变为土壤易接受的有机肥料的过程。当垃圾中有机物含量超过15％时，运用堆肥技术即可起到化废为料的效果。对于有机物成分占到40％以上的农村生活垃圾，堆肥处理无疑能使垃圾达到资源化、减量化的目的。堆肥工艺有许多种类型，根据堆肥过程中对氧气需求的不同，可将其分为好氧堆肥和厌氧堆肥。

（一）好氧堆肥

对于以有机成分含量高的农村生活垃圾，资源化利用主要采用好氧堆肥技术。好氧堆肥具有发酵周期短、占地面积小等优点。因此，各国较为普遍地采用好氧堆肥技术。好氧堆肥是在有氧的条件下，利用好氧微生物对垃圾中的有机废物进行吸收、氧化和分解的生化降解，使其转化为腐殖质的一种方法。目前，垃圾好氧堆肥在我国应用的较为广泛，应用较多的主要有强制通风动态垛系统、反应器系统（或发酵仓系统）。另外，垃圾湿解（消解）技术也是近几年应用较多的一种方式。农村生活垃圾好氧堆肥可产生天然肥料，减少化肥的使用，对于保护土壤结构和生态环境具有积极意义，尤其适用于乡村农家肥生产而非城市垃圾产业化处理。其工艺流程见图7-16（倪骏和孙可伟，2004）。

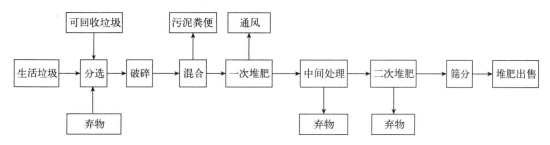

图 7-16 好氧堆肥主要工艺流程

有机生活垃圾好氧堆肥成品质量的好坏，关键在于堆肥过程中的被控参数。堆肥过程控制技术就是通过对堆肥过程中的水分、有机物含量、温度及通风供氧等被控参数的控制，保证堆肥过程的顺利进行，提高堆肥效率。有机物含量、含水率、C/N 水分、通气量、温度和 pH 是堆肥成功的关键因素（陈志强等，2002；李国学等，2003）。

1. 有机物含量　生活垃圾的有机物主要为堆肥中微生物提供碳源，以 40%～60% 较好（陈志强等，2002）。生活垃圾中有机质含量一般都在 20%～80%，当有机物含量低于 20% 时，不能提供足够的热能供嗜热菌繁殖，难以维持高温发酵，当有机物高于 80% 时，堆肥过程中需氧量太大易造成供氧不足。

2. 含水率　生活垃圾堆肥的含水率最佳为 50%～60%，当含水率高于 65% 时，容易导致营养物质渗出及通气空隙不足，则会抑制好氧微生物的生长繁殖，甚至发生不良的厌氧分解，堆温下降，当含水率低于 40% 时，也不利于好氧微生物的生长繁殖，分解速度减慢（朱红兵等，2002）。

3. C/N　研究表明，一次发酵适宜的 C/N 为（25～35）：1，C/N 过高和过低均不利于嗜热菌的生长繁殖，难以达到稳定的最佳堆肥，C/N 过高时，需要添加粪便水或淡肥水进行调节。

4. 通气量　堆肥过程中对氧气的需求量一般为 14%～17%，氧浓度过低须强制通风，否则影响好氧菌的生长繁殖。

5. 温度和 pH　垃圾堆肥过程适宜发酵温度为 35～55℃，低于 15℃ 或高于 70℃，微生物进入休眠状态或大量死亡，发酵缓慢或停止（Finstein 等，1983；Macgregor，1994）。适宜的 pH 为 6.5～7.5，当 pH>9 或 pH<4 时，会减缓微生物降解速度，须及时调节堆肥的 pH（Caeria 等，1991）。

（二）厌氧堆肥

厌氧堆肥是在无氧气条件下，将有机物料分解为甲烷、CO_2 和许多低分子量的中间产物（如有机酸）的方法。对于人、畜、禽粪便为主的生活垃圾，厌氧发酵产沼是垃圾资源化利用的有效方法。该技术是在厌氧环境中，通过微生物发酵作用，产生可燃气体沼气，将有机物转化为能源用作生活燃料。同时，沼液和沼渣可作为肥料，用以灌溉农田菜地或做土壤改良剂，该方法可使有机物充分资源化。该方法具有管理方便、投资少、容易操作等优点，便于在广大农村地区推广使用。其技术路线见图 7-17。

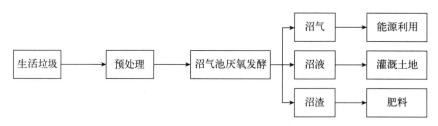

图 7-17 厌氧发酵处理工艺流程

三、厨余垃圾饲料化

（一）厨余垃圾的主要成分及特征

厨余垃圾主要包括米饭、面食类残余物、肉类、蔬菜、骨头、瓜果皮等，以淀粉、食物纤维类、蛋白质、脂类等有机物质为主要成分，同时也含有无机盐类，具有高油脂、高盐分、高水分、高有机质含量以及易腐发臭、易酸化、易生物降解等特点。因其营养元素丰富，因此，具有很大的回收利用价值。

1. 厨余垃圾的特征

（1）含水率高。厨余垃圾的含水率一般都能达到 $80\%\sim90\%$，因此流动性大，运输不便，非常容易渗漏，热值较低，处理方法不当容易产生二次污染。

（2）有机物含量高。厨余垃圾中粗脂肪、粗蛋白质等有机物含量高，富含 N、P、K、Ca 及各种微量元素，开发利用潜力大。

（3）油、盐的含量较高。厨余垃圾具有高盐分、极易酸化等特点，在进行处理时要综合考虑该因素，以防出现油、盐的抑制或资源化产品的利用率低等问题。

（4）厨余垃圾在常温下很容易腐烂变质，容易滋生病菌，引起各种疾病。厨余垃圾的以上特征表明，其一方面具有较高的利用价值；另一方面必须对其进行适当的处理，才能得到社会效益、经济效益和环境效益的统一。

2. 厨余垃圾的危害

（1）厨余垃圾本身的性状会影响人的视觉和嗅觉，另外垃圾在处理过程中容易产生臭气、污水等污染环境。

（2）厨余垃圾直接被用做饲料来喂养家畜，由于厨余垃圾极易腐烂，在运输及储存过程中产生大量的毒素及病菌，被用于家畜饲料后会直接影响到人类的健康。

（3）由厨余垃圾派生的"潲水油"，极易产生致癌物质——黄曲霉素，对人们身体健康危害极大。

（4）厨余垃圾中的废弃油脂及固体残渣若排入下水道，容易造成堵塞，污染环境，甚至引发下水道管爆炸等严重情况。

由此可见，厨余垃圾就是放错了地方的资源，若对其进行资源化处理，不仅可以回收能源，还能减少一定的环境压力，可实现乡村厨余垃圾的资源化、无害化和减量化，遵循了乡村资源可持续利用之路的要求。

（二）厨余垃圾生物、物理法饲料化

厨余垃圾中含有大量的有机营养成分，其饲料化具有相当的优势。试验测定结果表明，厨余垃圾粗脂肪消化率为88.26%，粗蛋白质消化率为89.63%，与常规饲料相近，可见厨余垃圾具有较高的资源开发利用价值。目前，我国厨余垃圾的饲料化处理技术已趋成熟，相关技术已在上海、北京、武汉、济南等城市推广应用。在饲料化处理中，主要技术有生物发酵法和物理法。

1. 生物发酵法 生物发酵法通常是利用微生物菌体处理厨余垃圾，在生物反应器中通过接种不同种类的功能微生物进行发酵处理，进一步提高产品中的营养含量，提高产品质量。最常见的是微生物发酵法生产蛋白饲料。该生物处理法的原理是将培养出的菌种加入经处理后的厨余垃圾混合发酵，将厨余垃圾转化为生物活性蛋白饲料。该生物处理法的技术核心是微生物利用厨余垃圾中的营养物质，最终把这些物质转变为自身的成长和繁殖所需的能源及物质。其产物一般被认为是由微生物自身及其蛋白分泌物组成的蛋白饲料。这一技术多以小型生物处理机的形式存在，且一般生物处理时间较短（1 d以内）。国内比较典型的处理工艺流程见图7-18。

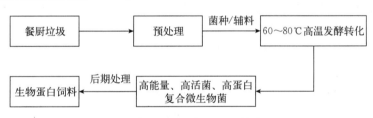

图7-18 厨余垃圾微生物饲料化技术工艺流程

2. 物理法 物理法是将厨余垃圾脱水后进行干燥消毒，粉碎后制成饲料。最常见的是干燥法制饲料。原理是在对厨余垃圾进行预处理后（一般为分拣、脱水、脱油过程），采用湿热或干热的工艺，将厨余垃圾加热到一定温度以达到灭菌及干燥的效果，并通过后续处理获得饲料或饲料添加剂。比较典型的工艺流程见图7-19。干燥法制饲料的技术核心是高温干燥灭菌过程，不同企业及加热工艺的加热温度和持续时间不同，湿热法一般略高于干热法（曾宪兴，2007）。

图7-19 厨余垃圾干燥制饲料工艺流程

四、生活垃圾卫生填埋

垃圾卫生填埋是一种保护环境质量，防止垃圾二次污染的最终处理技术。卫生填埋是

在传统的垃圾堆放、填埋基础上发展起来的垃圾处理技术，20世纪90年代时已发展成为较成熟的技术。与传统的垃圾堆填处置方式相比，卫生填埋具有以下特点：须经过科学选址、须建设符合环保要求的工程设施、须按技术规范填埋作业、饱和后要进行封场和封场后的维护管理。住房和城乡建设部于2004年2月19日批准发布了《生活垃圾卫生填埋技术规范》（CJJ 17—2004）。规范对入场垃圾、填埋场场址、地面水及地下水保护、填埋场防渗、填埋气体导排与防爆、填埋场封场后的土地使用、填埋场环境污染控制等都做出了严格的规定。

垃圾渗沥液处理是世界上公认的难题，它是垃圾填埋场的二次污染物，成分复杂，污染物浓度高、毒性强，若不经过处理达标即排入环境，会造成严重污染，故对渗沥液进行处理是必不可少的。渗沥液处理必须根据渗沥液不同时期的水质、水量、处理规模和处理排放标准等因素，通过多个方案的技术可靠性、经济合理性等方面的比较，选择合适的处理工艺。渗沥液处理按流程可分为预处理、生物处理、深度处理和后处理。

1. 预处理 目前，国内一般是通过调节池加盖，形成厌氧环境，去除一部分有机物，或者是用氨吹脱等方法去除一部分氨氮，改善渗沥液的可生化性。

2. 生物处理 包括厌氧、好氧生物处理。主要作用是去除渗沥液中的有机污染物、氨氮等。

3. 深度处理 目前，国内成功的工程实例主要是纳滤、反渗透的膜法来进行深度处理，其他方法未见成功工程实例，深度处理作用是去除难以生物降解的有机物、盐类等。

4. 后处理 主要是污泥和浓缩液的处理，污泥处理方法包括浓缩、脱水、改性填埋等，浓缩液处理方法包括蒸发、焚烧等。

国内外应用较多的具体的处理工艺组合方式有：预处理＋深度处理＋后处理；生物处理＋深度处理＋后处理；预处理＋生物处理＋深度处理＋后处理。

目前，生活垃圾处理技术在城市中应用较多，而在农村地区由于资金投入、军民的环保意识以及政府的管理机制等方面的不完善，生活垃圾处理技术的应用和开发还处于初级阶段。我国农村地区分布比较广，人口比较多，随着农村居民生活质量的提高，农村生活垃圾不论从量上还是从成分上都呈现多而复杂的变化。农村生活垃圾的处理不仅直接关系到农村的村容村貌，也间接影响了人们的生活质量和水平。今后，对于农村生活垃圾的处理是我国美丽乡村建设甚至美丽中国建设中不可缺少的重要部分。

思考题

1. 废旧地膜主要有哪些危害？
2. 废旧地膜回收主要在哪些时段？
3. 湿法造粒主要有哪几个工序？
4. 农业秸秆综合利用都有哪些途径？
5. 污水处理有哪些模式？
6. 污水处理的原则是什么？
7. 试想农村常用的化粪池除书中提到的，还有哪些类型？并说明其原理。

8. 为什么要实施垃圾分类收集?

9. 按分拣方式可将垃圾收集处理模式分为哪几类?

10. 好氧堆肥都有哪些主要控制因素?

11. 厨余垃圾有哪些特性?

附　　录

附录1　蔬菜抽样方法

一、抽样时间

1. 生产地　抽样时期要根据作物不同品种在种植区域的成熟期来确定，蔬菜抽样应安排在成熟期或即将上市前进行，抽样时间应选在晴天的 9:00~11:00 或者 15:00~17:00，雨后不宜抽样。

2. 批发市场　一般在批发交易高峰时抽样。

3. 农贸市场　应在抽样批发市场内进行。

4. 超市　应在抽样批发市场前进行。

二、抽样量

一般每个样品抽样量不低于 3 kg，单个个体超过 500 g 的，如结球甘蓝、花椰菜、青花菜和生菜、西葫芦和大白菜等取 3~5 个个体。

三、抽样单元

1. 生产地　当蔬菜基地面积小于 10 hm² 时，每 1~3 hm² 设为一个抽样单元；当蔬菜基地面积大于 10 hm²，每 3~5 hm² 设为一个抽样单元。

2. 批发市场　在同一市场中，应尽量抽取不同地方生产的蔬菜样品。

3. 农贸市场和超市　样品应从不同摊位抽取。

四、抽样方式

1. 生产地　每个抽样单元内根据实际情况按对角线、梅花点法、棋盘式法、蛇形法等方法采取样品，每个抽样单元内抽样点不少于 5 点，每个抽样点面积为 1 m² 左右，随机抽取该范围内的蔬菜作为检验用样品。

2. 批发市场、农贸市场和超市随机抽取，如有可能，应从样品的不同位置抽取。

3. 搭架引蔓的蔬菜，均取中段果实：叶菜类蔬菜去掉外帮；根茎类蔬菜和薯类蔬菜取可食部分。

五、样品封存

样品放入冷藏箱或低温冰箱中保存，冷藏箱或低温冰箱应清洁、无化学药品等污染物，经匀浆处理后的样品短期保存（2～3 d）可放入冷藏箱中，藏起保存应放在−20℃低温冰箱中。

六、样品制备

1. 样品制备场所　通风、整洁、无扬尘、无易挥发化学物质。

2. 样品制备工具和容器

（1）新鲜样品。用无色聚乙烯砧板或不砧板，不锈钢食品加工机、聚乙烯熟料食品加工机、高速组织分散机、不锈钢刀、不锈钢剪刀等。

（2）干样品。不锈钢磨、旋风磨、玛瑙研钵、无色聚乙烯熟料薄膜、白搪瓷盘等。

（3）分装容器用具塞磨口玻璃瓶，旋盖聚乙烯塑料瓶、具塞玻璃瓶等，规格视量而定。

3. 样品制备

（1）新鲜样品。取可食部分，用干净纱布轻轻擦去样品表面附着物，采用对角线分割法，取对角部分，将其切碎，充分混匀，用四分法取样或直接放入食品加工机捣碎成匀浆，制成待测样，放入分装容器中，备用。或将取后的样品用食品粉碎机粉碎（粉碎度稍低，不成匀浆），制成待测样，放入分装容器中，备用。

（2）干样品（用于重金属测定）。称取新鲜样品，用四分法取一定量的样品，放在铺有无色聚乙烯熟料薄膜的白搪瓷盘中，放入鼓风干燥箱中在 105℃加热 15 min 杀青，然后在 60～70℃条件下干燥 24～48 h，干燥后样品放入干燥器内，待冷却到室温后，称量，计算样品的含水量，然后将样品用不锈钢磨、旋风磨或玛瑙研钵进行加工，使全部样品通过 40～60 目尼龙筛，混合均匀后制成待测样，放入分装容器中备用。

（3）制样工具。每处理一个样品后制样工具冲洗或擦洗一次，严防交叉污染。

附录 2 粮油抽样方法

一、组批

同一产地、用同一生产流程或技术方法生产的同一品种或种类、同期采收的作为一个抽样单元。

（一）生产基地抽样

在收割 3 d 内进行，抽样作物应与全部作物的成熟度尽量保持一致。根据生产基地地形、地势及作物的分布情况合理布设采样点，原则上选用对角线采样法，采样点不少于 5 个，每个采样点的抽样量依据附表 2-1 执行，该抽样植株被收割部分现场称重，除可食部分外，还包括秸秆、豆荚、皮壳等不可食用部分。

附表 2-1 生产基地抽样量

产量（kg/hm²）	抽样量（kg）
＜7 500	150
7 500～15 000	300
＞15 000	按公顷产量的 2% 比例抽取

样品的割、运、打、晒、扬等处理过程，应按基地的技术规程进行，干湿程度也要按基地入库时的标准。样品的含水量不得大于 GB 1351、GB 1352、GB 1353、GB 1354、GB 1532、GB 1533、GB 10459、GB 10462、GB 11761、GB 11762 等粮油产品标准的规定（附表 2-2）。水分测定方法为《粮食油料检验 水分测定法》（GB 5497）。

附表 2-2 粮油产品抽样样品水分要求（%）

小麦	北方冬小麦		12.5
	南方冬小麦		12.5
	春小麦		13.5
大豆	东北、华北地区		13.0
	其他地区		14.0
玉米	东北、内蒙古、新疆地区		18.0
	其他地区		14.0
大米	早籼米、籼糯米		14.0
	晚籼米①	一类地区	14.0
		二类地区	14.5
	早粳米、粳糯米		14.5
	晚粳米	六省区②	14.5
		其他地区	15.5
花生果	桂、粤、闽		9.0
	其他地区		10.0

	桂、粤、闽	8.0
花生仁	其他地区	9.0
蚕豆	江、浙、沪	14.5
	其他地区	13.5
绿豆		13.5
芝麻		8.0
油菜籽		8.0

注：①一类地区指广东、广西、福建、四川、云南、贵州、湖北、河南、陕西；二类地区指除一类地区以外的其他地区。②六省区指四川、贵州、云南、福建、广东、广西。

（二）流通领域抽样

1. 散装产品抽样一般按以下四步完成

（1）分区。根据抽样单位的面积大小，分若干方块，每块为一个区，每区面积不超过 50 m²。

（2）设点。每区设中心、四角共 5 个点，区数在两个以上时，两区分界线上的两个点为共有点。边缘点距墙 50 cm。

（3）分层。粮堆高度在 2～3 m 时，分上、中、下三层，上层在粮面下 10～20 cm 处，下层在距地面 20 cm 处，中层在中间。堆高在 3～5 m 时，应分四层。堆高在 2 m 以下或 5 m 以上时，可视具体情况酌减或酌增抽样层数。

（4）抽样。按区按点，先上后下逐点取样。各点取样数量一致，不得少于 2 kg。将各点取样充分混合并缩分至满足检验需要的样品量。

2. 包装产品抽样　中小粒样品一个抽样单位代表的数量一般不超过 200 t，特大粒样品一个抽样单位代表的数量一般不超过 50 t。小麦粉等粉状样品，抽样包数不少于总包数的 3%，中小粒样品抽样包数不少于总包数的 5%。抽样时按样品堆放方式均匀设点，每包取样不少于 2 kg。将各点取样充分混合并缩分至满足检验需要的样品量。

3. 小包装产品抽样　当每包样品重量小于 2 kg 时，按下式确定取样包数，总取样量不少于 2 kg。

$$S=\sqrt{\frac{n}{2}}$$

式中，S 为取样包数；n 为样品总包数。

二、样品缩分

抽样完成后，将各点取样充分混合。用标准分样器或四分法将混合样缩分至能满足检验需要的量。将混合样品平均分成 3 份，分别作为检验样、复验样和备查样，要求每一份样品的量均能满足检验的需要，一般不少于 2 kg。

三、样品运输

抽样完成后，样品应在 3 d 内送达检验实验室。同时要求温度＜25 ℃，相对湿度＜60%。

附录 3　水果抽样方法

一、组批

同一生产企业或基地、同一品种或种类、同一生产技术方式、同期采收或同一成熟度的水果产品为一个抽样对象。

生产基地抽样：

（1）抽样时间。抽样时期要根据不同品种水果在其种植区域的成熟期来确定，一般选择在全面采收的前 3～5 d 进行，抽样时间应选择在晴天的 9:00～11:00 或 15:00～17:00。

（2）抽样量。根据生产抽样对象的规模、布局、地形、地势及作物的分布情况合理布设抽样点，抽样点应不少于 5 个。在每个抽样点内，根据果园的实际情况，按对角线法、棋盘法或蛇行法随机多点采样。每个抽样点的抽样量参照附表 2-1 执行。

（3）抽样方法。乔木果树，在每株果树的树冠外围中部的迎风面和背风面各取一个果实；灌木、藤蔓和草本果树，在树体中部采取一个或一组果实，果实的着生部位、果个大小和成熟度应尽量保持一致。对已采收的抽样对象，以每个果堆、果窖或储藏库为一个抽样点，从产品堆垛的上、中、下三层随机抽取样品。

包装产品抽样按 GB 8855—2008 中 5.2.1 的规定；散装产品抽样按 GB 8855—2008 中 5.2.2 的规定。

二、样品缩分

将所有样品混合在一起，分成 3 份，分别进行缩分，每份样品应不少于实验室样品取样量。实验室样品取样量按 GB 8855—2008 中 5.4 的规定。

附录4　茶叶抽样方法

一、组批

1. 原料抽样　同一产地、同一品种或种类、同一生产技术方式、同期采收的茶叶原料为一个抽样单位。

2. 包装产品抽样　同一品种或种类、同一生产日期、同一等级的茶叶产品为一个抽样单位。

二、抽样方法

1. 茶园抽样

（1）抽样量。抽样点通过随机方式确定，每一抽样点应能保证取得 1 kg 样品。抽样点数量按下列规定：<3 hm²，设一个抽样点；3～7 hm²，设两个抽样点；7～67 hm²，每增加 7 hm²（不足 7 hm² 者按 7 hm² 计）增设一个抽样点；67 hm² 以上，每增加 33 hm²（不足 33 hm² 者按 33 hm² 计）增设一个抽样点；在抽样时如发现样品有异常情况时，可酌情增加或扩大抽样点数量。

（2）抽样步骤。在茶园中，对生长的茶树新梢抽样。以一芽二叶为嫩度标准，随机在抽样点采摘 1 kg 鲜叶样品。对多个抽样点抽样，将所抽的原始样品混匀，用四分法逐步缩分至 1 kg。鲜叶样品及时干燥，分装 3 份封存，供检验、复验和备查之用。

2. 进厂原料抽样

（1）抽样量。<50 kg，抽样 1 kg；50～100 kg，抽样 2 kg；100～500 kg，每增加 50 kg（不足 50 kg 者按 50 kg 计）增抽 1 kg；500～1 000 kg，每增加 100 kg（不足 100 kg 者按 100 kg 计）增抽 1 kg；1 000 kg 以上，每增加 500 kg（不足 500 kg 者按 500 kg 计）增抽 1 kg。在抽样时如发现样品有异常情况时，可酌情增加或扩大抽样数量。

（2）抽样步骤。对已采摘，但尚未进行加工的原料抽样。以随机的方式抽取样品，每一件抽取样品 1 kg，对多件抽样，将所抽的原始样品混匀，用四分法逐步缩分至 1 kg。样品及时干燥，分装 3 份封存，供检验、复验和备查之用。

3. 包装产品抽样

（1）抽样量。样本量<5 件，抽样一件；6～50 件，抽样两件；50～500 件，每增加 50 件（不足 50 件者按 50 件计）增抽一件；500～1 000 件，每增加 100 件（不足 100 件者按 100 件计）增抽一件；1 000 件以上，每增加 500 件（不足 500 件者按 500 件计）增抽一件。在抽样时如发现茶叶品质、包装或堆存等有异常情况时，可酌情增加或扩大抽样件数。小包装产品，抽样总质量未达到平均样品的最小质量值时，应增加抽样件数。

（2）抽样步骤。包装时抽样在茶叶定量装件时，每装若干件后，用抽样工具取出样品约 250 g，混匀所抽的原始样品，用分样器或四分法逐步缩分至 500～1 000 g，分装 3 份封存，供检验、复验和备查之用。

包装后抽样从整批茶叶包装堆垛的不同堆放位置，随机抽取规定的件数。逐件开启后，分别将茶叶全部倒出，用抽样工具各取出有代表性的样品约 250 g 混匀。用分样器或

四分法逐步缩分至 $500\sim1\,000\,g$，分装 3 份封存，供检验、复验和备查之用。

4. 紧压茶产品抽样

（1）抽样量。按 3 中（1）的规定。

（2）抽样步骤。砖茶、饼茶抽样，随机抽取规定的件数，逐件开启，从各件内不同位置处，取出 $1\sim2$ 个（块）。除供现场检查外，单重在 $500\,g$ 以上的，留取 3 个（块）；单重在 $500\,g$ 以下的，留取 5 个（或块），盛于密闭的容器中，供检验用。捆包的散茶抽样，从各件的上、中、下部采样，再用四分法或分样器缩分至所需数量。

附录5　畜禽产品抽样方法

一、抽样工具

1. 肉类　不锈钢刀具、自带封口的食品卫生塑料包装袋、低温样品保存箱（盒）、一次性手套、标签、盛放微生物检验用样品的灭菌容器等。

2. 蛋类　洁净卫生的格状专用盛蛋盘、样品保存箱、一次性手套、标签、盛放微生物检验用样品的灭菌容器等。

3. 奶类　搅拌棒、取样器、温度计、塑料密封采样瓶、低温存奶箱、一次性手套、标签、盛放微生物检验用样品的灭菌容器等。

4. 蜂蜜　取样杆、取样瓶、一次性手套、标签、盛放微生物检验用样品的灭菌容器等。

二、抽样方法

1. 饲养场　以同一养殖场、养殖条件相同、同一天或同一时段生产的产品为一检验批。

2. 屠宰场　以来源于同一地区、同一养殖场、同一时段屠宰的动物为一检验批。

3. 冷冻（冷藏）库　以企业明示的批号为一检验批。

4. 市场　以产品明示的批号为一检验批。

三、饲养场抽样

1. 蛋　随机在当天的产蛋架上抽样。样品应尽可能覆盖全禽舍，将所得的样品混合后再随机抽取，鸡、鸭、鹅蛋取 50 枚，鹌鹑蛋、鸽蛋取 250 枚，按本部分中第八节要求处理。

2. 奶　每批的混合奶经充分搅拌混合后取样，样品量不得低于 8 L，按本部分中第八节要求处理。

3. 蜂蜜　从每批中随机抽取 10% 的蜂群，每一群随机取 1 张未封蜂坯，用分蜜机分离后取 1 kg 蜜，按本部分中第八节要求处理。

四、屠宰场抽样

1. 屠宰、分割线上抽样

（1）猪肉、牛肉、羊肉的抽样。根据每批胴体数量，确定被抽样胴体数（每批胴体数量低于 50 头时，随机选 2~3 头；51~100 头时，随机选 3~5 头；100~200 头时，随机选 5~8 头；超过 200 头，随机选 10 头）。从被确定的每片胴体上，从背部、腿部、臀尖三部位之一的肌肉组织上取样，每片取样 2 kg，再混成一份样品，样品总量不得低于 6 kg，按本部分中第八节要求处理。

（2）猪肝的抽样。从每批中随机取 5 个完整的肝，按本部分第八节要求处理。

（3）鸡、鸭、鹅、兔的抽样。从每批中随机抽取去除内脏后的整只禽（兔胴体）体 5

只，每只重量不低于 500 g，按本部分第八节要求处理。

（4）鸽子、鹌鹑的抽样。从每批中随机抽取去除内脏后的 30 只整体，按本部分第八节要求处理。

2. 冷冻（冷藏）库抽样

（1）鲜肉。成堆产品在堆放空间的四角和中间布设采样点，从采样点的上、中、下三层取若干小块肉混为一个样品；吊挂产品随机从 3～5 片胴体上取若干小块肉混为一个样品，每份样品总重不少于 6 kg，按本部分第八节要求处理。

（2）冻肉。500 g 以下的小包装，同批同质随机抽取 10 包以上；500 g 以上的包装，同批同质随机抽取 6 包，每份样品不少于 6 kg，按本部分第八节要求处理。冻片肉抽样方法同鲜肉。

（3）整只产品。鸡、兔等为整只产品时，在同批次产品中随机抽取完整样品 5 只（鸽子、鹌鹑为 30 只），按本部分第八节要求处理。

五、蜂蜜加工厂（场）取样

1. 检验批　以不超过 1 000 件为一检验批。同一检验批的商品应具有相同的特征，如包装、标识、产地规格和等级等。

2. 取样数量　蜂蜜加工厂（场）取样数量见附表 5-1。

附表 5-1　蜂蜜加工厂（场）取样数量表

批量（件）	最低取样数（件）
<50	5
50～100	10
101～500	每增加 100，增取 5
>501	每增加 100，增取 2

3. 取样方法　按 2 中规定的取样件数随机抽取，逐件开启。将取样器缓缓放入，吸取样品。如遇蜂蜜结晶时，则用单套杆或取样器插到底，吸取样品，每件至少取 300 g 倒入混样器，将所取样品混合均匀，抽取 1 kg 装入样品瓶内，按本部分第八节要求处理。

六、市场、冷冻（冷藏）库抽样

1. 肉类

（1）每件 500 g 以上的产品。同批同质随机从 3～15 件上取若干小块肉混合，样品重量不得低于 6 kg，按本部分中第八节要求处理。

（2）每件 500 g 以下的产品。同批同质随机取样混合后，样品重量不得低于 6 kg，按本部分第八节要求处理。

（3）小块碎肉。从堆放平面的四角和中间取同批同质的样品混合成 6 kg，按本部分第八节要求处理。

2. 蛋　从每批产品中随机取 50 枚（鸽蛋、鹌鹑蛋为 250 枚），按本部分第八节要求处理。

3. 奶　在储奶容器内搅拌均匀后，分别从上部、中部、底部等量随机抽取，或在运输奶车出料时前、中、后等量抽取，混合成 8 L，按本部分第八节要求处理。

4. 蜂蜜　货物批量较大时，以不超过 2 500 件（箱）为一检验批。如货物批量较小，少于 2 500 件时，均按表 5-2 抽取样品数，每件（箱）抽取一包，每包抽取样品不少于 50 g，总量应不少于 1 kg，按本部分第八节要求处理。蜂蜜市场取样数量表见附表 5-2、附表 5-3。

附表 5-2　蜂蜜市场取样数量表

检验批量（件）	最少取样数（件）
1～25	1
26～100	5
101～250	10
251～500	15
501～1 000	17
1 001～2 500	20

附表 5-3　蜂蜜市场取样数量表

批货重量（kg）	取样（件）
<50	3
51～500	5
501～2 000	10
>2 000	15

注：每件取样量一般为 50～300 g，总量不少于 1 kg。

七、记录

1. 样单编号　取被抽样单位所在地区邮政编码的前四位数字。

2. 格式　为［省、市、自治区简称］/［动物品种代码］/［样品种类代码］/［取样日期］/［样品序号］。代码如下附表 5-4 所示：样品序号为同一次取样过程中的编号。

附表 5-4　样单记录格式

样品种类	鸡肉	蛋	奶	蜂蜜
代码	M	E	Mi	Hb

3. 示例　2×××年××月×日在××省（市、区、县）抽取的第 2 个猪肉样品，其编号为：××省（市、区、县）/p/M/2×××0××0×/2。

八、样品封存

1. 猪肉、牛肉、羊肉　将抽得的 6 kg 样品，分成 4 份，2 kg 1 份，1 kg 4 份，分别包装，其中 1 份 1 kg 样品随抽样单（第三联），贴上封条后交被抽检单位保存，另外 4 份随样品抽样单（第二联），分别加贴封条由抽样人员送交检测单位进行检测。

2. 禽肉和猪肝　将抽得的样品，分成 5 份（鸡、鸭、鹅、肝每份 1 整只，鹌鹑、鸽子每份 6 只），进行包装，其中 1 份样品随抽样单（第三联），贴上封条后交被抽检单位保存，另外 4 份随样品抽样单（第二联），分别加贴封条由抽样人员送交检测单位进行检测。具体格式如下附表 5-5。

附表 5-5　禽肉和猪肝样单记录格式

动物品种	牛	羊	猪	鸡	兔
代码	B	O	P	C	R

3. 禽蛋　将抽得的 50 只（个）鸡、鸭、鹅蛋，每 10 只为 1 份，分成 5 份（鹌鹑蛋、鸽蛋每 50 只 1 份，分成 5 份），分别包装，其中一份样品随抽样单（第三联），贴上封条后交被抽检单位保存，另外 4 份随样品抽样单（第二联），分别加贴封条由抽样人员送交检测单位进行检测。

4. 奶　将抽得的 8 L 奶，分成 2 份，密封包装，加贴封条后由抽样人员送交检测单位进行检测。

5. 蜂蜜　将抽得的 1 kg 蜂蜜，分成 3 份，密封包装，其中 1 份样品随抽样单（第三联），贴上封条后交被抽检单位保存，另外 4 份随样品抽样单（第二联），分别加贴封条由抽样人员送交检测单位进行检测。

九、样品运输

1. 为确保被分析物的稳定性和样品的完整性，采集的样品应由专人妥善保存，并在规定的时间内送达检测单位。

2. 保存和运输应按以下要求操作

（1）取样后冻肉样应在冷冻状态下保存，蜂蜜：-10 ℃；禽蛋：0~4 ℃；牛奶：2~6 ℃条件下储存。

（2）生鲜样品取样后应在 0~4 ℃条件下 24 h 内送达检测单位。

（3）运输工具应保持清洁无污染。

（4）防止储存地点和装卸地点可造成的污染。

附录6　水产品抽样方法

一、抽样方法

1. 组批

（1）鲜活水产品。同一养殖场内，以同一水域、同一品种、同期捕捞或养殖条件相同的产品为一个抽样批次。

（2）初级水产加工品。按批号抽样，在原料及生产条件基本相同的条件下，同一天或同一班组生产的产品为一个抽样批次。

2. 水产养殖场抽样　根据水产养殖的池塘及水域的分布情况，合理布设采样点，从每个批次中随机抽取样品。具体参照 GB/T 30891—2014 执行。

3. 水产加工厂抽样　从一批水产加工品中随机抽取样品，每个批次随机抽取净含量 1 kg（至少 4 个包装袋）以上的样品，干制品随机抽取净含量 500 g（至少 4 个包装袋）以上的样品，具体参照 GB/T 30891—2014 执行。

二、样品运输

（一）鲜活水产品运输

1. 鱼

（1）活鱼用充氧袋封装，保证氧气充足，使之成活。

（2）鲜鱼用泡沫箱封装，先在箱底铺一层冰，头腹向上，层鱼层冰，加封顶冰，使鱼体温度保持在 0～5 ℃。

2. 虾

（1）活虾用充氧袋封装，保证氧气充足，使之成活。

（2）鲜虾用泡沫箱封装，先在箱底铺一层冰，层虾层冰，加封顶冰，使虾体温度保持在 0～4 ℃。

3. 蟹

（1）河蟹样品应保证活体包装送样。将河蟹腹部朝下整齐排列于蒲包或网袋中，保持适宜的湿度，储运过程中应防止挤压、碰撞、暴晒及污染。夏季用泡沫箱封装，加冰降温，应及时排放融冰水，并注意通风换气（可在泡沫箱上部开小孔）。

（2）海蟹用泡沫箱封装，先在箱底铺一层冰，层蟹层冰，加封顶冰，使蟹体温度保持在 0～4 ℃。

4. 鳖　鳖样品应保证活体包装送样。将活鳖用小布袋、麻袋等包装，每只应固定隔离，以避免互相挤压、撕咬。储运过程中应严防蚊虫叮咬，防止挤压、碰撞、暴晒及污染。夏季用泡沫箱封装，用冰降温，在泡沫箱的箱盖和四周打些小孔，保证空气流通。

5. 贝类　活贝类应控干水分，然后用透气性较好的麻袋进行封装。

6. 蛙类　蛙类用泡沫箱封装，在箱盖和四周打些小孔，保证空气流通，并注意保持蛙皮肤的湿润。

（二）冷冻水产品

用保温箱或采取必要的措施使样品处于冷冻状态。

（三）干制水产品

塑料袋或类似的材料密封保存，注意不能使其吸潮或水分散失，并要保证其从抽样到检验的过程中品质不变。必要时可使用冷藏设备。

主要参考文献 REFERENCE

陈忱，2015. 新型职业农民职业道德培育路径研究 [J]. 当代继续教育，33 (185)：66 - 70.

丁永祯，李晓华，郑向群，等，2016. 乡村环境保护典型技术与模式 [M]. 北京：中国农业出版社.

高燕群，倪伟敏，赵樑，等，2015. UASB 反应器中高盐含氮废水脱氮过程研究 [J]. 杭州示范大学学报，14 (1)：55 - 59.

中华人民共和国环境保护部，2010. 化肥使用环境安全技术导则：HJ 555—2010 [S]. 北京：中国环境科学出版社.

中华人民共和国环境保护部，2010. 农药使用环境安全技术导则：HJ 556—2010 [S]. 北京：中国环境科学出版社.

贾书刚，杨学明，王淑平，等，1993. 取土钻的现状、发展及未来 [J]. 吉林农业大学学报，15 (4)：63 - 66.

李小兵，2010. CMJ - 5 型春秋两用密排弹齿式残膜回收机 [J]. 新疆农机化 (2)：12.

刘瑛，2012. 外来种入侵的一般特征 [J]. 廊坊师范学院学报（自然科学版），12 (1)：58 - 60.

农业部科技教育司，中国农业生态环境保护协会，2000. 中国农业环境保护大事记 [M]. 北京：中国农业出版社.

农业部市场与经济信息司，2010. 无公害蜂产品安全生产手册/无公害农产品安全生产手册 [M]. 北京：中国农业出版社.

张克强，2006. 农村污水处理技术 [M]. 北京：中国农业科学技术出版社.

中国就业培训指导中心，2007. 职业道德 [M]. 北京：中国广播电视大学出版社.

中华人民共和国国家质量监督检验检疫总局，2001. 农产品安全质量 无公害水果产地环境要求：GB/T 18407.2—2001 [S]. 北京：中国标准出版社.

中华人民共和国国家质量监督检验检疫总局，2001. 农产品安全质量 无公害蔬菜安全要求：GB 18406.1—2001 [S]. 北京：中国标准出版社.

中华人民共和国国家质量监督检验检疫总局，2001. 农产品安全质量 无公害水果安全要求：GB 18406.2—2001 [S]. 北京：中国标准出版社.

中华人民共和国国家质量监督检验检疫总局，2001. 农产品质量安全 无公害蔬菜产地环境要求：GB/T 18407.1—2001 [S]. 北京：中国标准出版社.

中华人民共和国农业部农产品质量安全监管局，2016. 无公害农产品 淡水养殖产地环境条件：NY/T 5361—2016 [S]. 北京：中国农业出版社.

中华人民共和国农业部农产品质量安全监管局，2015. 无公害农产品 生产质量安全控制技术规范 第 2 部分：大田作物产品：NY/T 2798.2—2015 [S]. 北京：中国农业出版社.

中华人民共和国农业部农产品质量安全监管局，2015. 无公害农产品 生产质量安全控制技术规范 第 1 部分：通则：NY/T 2798.1—2015 [S]. 北京：中国农业出版社.

中华人民共和国农业部农产品质量安全监管局，2016. 无公害农产品 兽药使用准则：NY/T 5030—2016 [S]. 北京：中国农业出版社.

中华人民共和国农业部农产品质量安全监管局，2000. 农区环境空气质量监测技术规范：NY/T 397—2000 [S]. 北京：中国农业出版社.

主要参考文献

中华人民共和国农业部农产品质量安全监管局，2000. 农用水源环境质量监测技术规范：NY/T 396—2000 [S]. 北京：中国农业出版社.

中华人民共和国农业部农产品质量安全监管局，2008. 农业野生植物调查技术规范：NYT 1669—2008 [S]. 北京：中国农业出版社.

中华人民共和国农业部农产品质量安全监管局，2008. 农业野生植物原生境保护点建设技术规范：NY/T 1668—2008 [S]. 北京：中国农业出版社.

中华人民共和国农业部农产品质量安全监管局，2012. 农田环境质量监测技术规范：NY/T 395—2012 [S]. 北京：中国农业出版社.

中华人民共和国农业部农产品质量安全监管局，2015. 无公害农产品　产地环境评价准则：NY/T 5295—2015 [S]. 北京：中国农业出版社.

中华人民共和国农业部农产品质量安全监管局，2015. 无公害农产品　生产质量安全控制技术规范　第13部分：养殖水产品：NY/T 2798.13—2015 [S]. 北京：中国农业出版社.

中华人民共和国农业部农产品质量安全监管局，2015. 无公害农产品　生产质量安全控制技术规范　第3部分：蔬菜：NY/T 2798.3—2015 [S]. 北京：中国农业出版社.

中华人民共和国农业部农产品质量安全监管局，2015. 无公害农产品　生产质量安全控制技术规范　第4部分：水果：NY/T 2798.4—2015 [S]. 北京：中国农业出版社.

中华人民共和国农业部农产品质量安全监管局，2015. 无公害农产品　生产质量安全控制技术规范　第7部分：家畜：NY/T 2798.7—2015 [S]. 北京：中国农业出版社.

中华人民共和国农业部农产品质量安全监管局，2015. 无公害农产品　生产质量安全控制技术规范　第8部分：肉禽：NY/T 2798.8—2015 [S]. 北京：中国农业出版社.

中华人民共和国农业部农产品质量安全监管局，2016. 无公害农产品　种植业产地环境条件：NY/T 5010—2016 [S]. 北京：中国农业出版社.

中华人民共和国农业部农产品质量安全监管局，2017. 少花蒺藜草综合防治技术规范：NY/T 3077—2017 [S]. 北京：中国农业出版社.

中华人民共和国农业部农产品质量安全监管局，2017. 外来入侵植物监测技术规程　大藻：NY/T 3076—2017 [S]. 北京：中国农业出版社.

中华人民共和国环境保护部环境监测司和科技标准司，2017. 环境空气质量手工监测技术规范：HJ 194—2017 [S]. 北京：中国环境出版社.

周曙东，易小燕，汪文，等，2005. 外来生物入侵途径与管理分析 [J]. 农业经济问题，26（10）：19 - 23.

朱红兵，李秀，柳凌云，等，2016. 城市生活垃圾无害化处理工艺 [J]. 环境科学与技术，25（5）：28 - 30.